Contents
目錄

第2章 認識細懸浮微粒 PM2.5

第3章

PM2.5對健康的影響

第4章

面對 PM2.5 的自救行動

空氣品質與你我的健康「息息相關」

自二〇一三年世界衛生組織（WHO）將室外空氣污染列為第一級致癌物後，民眾紛紛殷盼政府能提升空氣品質。在各界支持下，立法院院會於二〇一八年六月二十五日完成空氣污染防制法修正案三讀程序，並於二〇一八年八月一日經總統令公布，使我國空氣污染防制工作邁向新里程。

本書從生活的角度切入，並運用公衛及環保的專業，將龐雜而專業的空氣污染成因、影響等內容，透過文字搭配圖表有系統的介紹，讓$PM_{2.5}$科學知識變得淺顯易懂，同時藉由食、衣、住、行與健康等各種議題切入，提供日常中具體可行的減污行動。

除了能幫助民眾迅速建立正確觀念、避免因誤解而恐慌，也同時瞭解到空氣污染防制工作需要你我從日常中共同努力，期待民眾能透過閱讀本書，從自身做起，一起把台灣的好空氣找回來。

行政院環境保護署署長

健康防護、降低 PM2.5

世界衛生組織（WHO）指出，空氣污染是影響健康的主要環境風險之一，會增加心血管疾病、中風、慢性阻塞性肺病等疾病風險，並建議個人可從減少長期暴露於空污環境中，以遠離看不見的健康殺手，及減少製造污染，以降低空污對健康的影響。

衛福部已與行政院環境保護署持續合作，進行空污對健康影響實證研究，以提出符合國人本土化健康保護需求之污染管制策略及空氣品質指標。

本書以簡單扼要方式介紹 $PM_{2.5}$ 成因、組成及對健康影響，並從食、衣、住、行等如何降低暴露、減少危害之議題，提供生活中自我防護措施建議，並進一步減少生活中產生 $PM_{2.5}$ 的方法，為具參考價值的工具書，特此推薦。

衛生福利部部長

共同打造低空污家園

近七、八年來，空氣中 PM2.5 濃度已成為台灣民眾最為重視的環保議題，幾乎到聞 PM2.5 而色變的地步。要解決國內長年累積的 PM2.5 問題，除了政府應負最大的責任，努力改善空氣品質外，民眾關切的更是在日常生活中如何保護自己免於產生健康危害。

為協助民眾比較完整的了解 PM2.5，行政院環境保護署特別出版《彩色圖解：戰勝 PM2.5！》，書中將艱澀的 PM2.5 來源、形成及危害等專業知識，以淺顯易懂的方式敘述。為兼顧專業與深入淺出的目標，也特別邀請聞名國際的呼吸與微粒毒理學者：台灣大學職業醫學與工業衛生研究所鄭尊仁教授，和國際氣膠學界相當權威的學者交通大學環境工程學研究所蔡春進教授擔任審訂。因此特別向國內關切 PM2.5 的民眾推薦本書，並感謝出版者的用心。

立法委員
台灣大學公衛所教授
吳焜裕

曾幾何時，台灣也必須面對 PM2.5 的問題！

二〇一四年，我應邀去北京演講，當地醫師告訴我，霾害已經是中國健康危害的兇惡殺手之一，當時我很慶幸，因為我很快要回到台灣，而且台灣的天空是相當乾淨的。但是，這個慶幸沒有維持很久，台灣目前也因為 PM2.5 污染嚴重，致使某些疾病的發生率直直上升。

一位中部某大學四十歲助理教授，生活相當規律，不抽菸不喝酒，每日慢跑，相當注意飲食均衡，可以說是養生達人。可是在一次嚴重咳嗽一個月之後，到我這檢查，居然被診斷為第四期肺腺癌。震驚之餘告訴我，他的肺腺癌應該和空氣污染有關，因為他每日風雨無阻的慢跑，可能因此吸入太多PM2.5（細懸浮微粒）造成的。

除此之外，其他像是過敏氣喘患者在我門診也是增加許多，無論如何，我們一定要多了解PM2.5，這本書提供了相當好的解析，相信是您我都需要急迫充實的善知識！

前澄清醫院耳鼻喉科主任／營養醫學博士
台灣基因營養功能醫學會理事長

找回好空氣，不分你我他

二〇一四年十一月，我們覺察埔里的空氣不好，生活周遭可見大大小小的燃燒行為與廢氣排放，為了自身與家人的健康，也為了有更好的居住品質，決定成立自救會，並從粉絲專頁開始，逐步瞭解埔里的空污來源，期待能慢慢改變，再度找回埔里的藍天。

三年多來的學習、討論與行動，我們也從許多研究和觀察中發現，埔里的空氣污染來源並不單純是境外污染，有很大一部分是我們自產的，包括餐廚油煙、焚燒紙錢鞭炮、露天燃燒、汽機車怠速、柴油車廢氣等。於是，從社區的環境教育出發，我們走入國中小學，向孩童及師長宣導空污，也走入鄰里，與居民們分享空污減量的行動，更重要的是，教大家如何在霧霾來臨時能有警覺心，適時地保護自己的健康。

從空氣污染的成因、成份、對健康的影響，一直到自保和採取行動，著實是段漫長的環境教育過程。

這本《彩色圖解：戰勝 $PM_{2.5}$！》完整清楚地紀錄了此議題的內涵，從空氣對人體的重要性、$PM_{2.5}$ 的生成與來源、$PM_{2.5}$ 對健康的危害，以及分享如何揮別空污的綠色生活。這本書將龐大的跨學科知識融合在一起，不僅文字淺顯易懂，同時搭配表格和插圖的整理，讓讀者可以瞬間將複雜的空污議題消化完畢，讀完後不禁佩服編輯團隊的用心，非常不簡單。

除了主線的編排外，本書還有許多小巧思，包括每個單元都有「$PM_{2.5}$小百科」解釋了艱澀難懂的專有名詞，也幫助讀者瞭解空污的相關物理現象、氣候原理等；而「原來如此」則補充了生活小知識；「小講堂」詳細地備註了空污議題發展的歷史脈絡等。這些小巧思替這本書帶來許多的樂趣和驚喜，開啟你我往下閱讀的好奇心。

這本書有眾多國外研究和國家空污治理案例的呈現，讓讀者知道台灣還有好長的一段路要走，當其他國家覺察到空污問題時，便開始想方法努力地從政策做起，我們也看見這些地方現在都已不再受霧霾之苦，因此，改變不是看不見，而是需要時間、需要共識，也需要一些醞釀。

自救會是一群想好好做社區倡導、環境教育的志工。很開心看見這本書的出版，也跟我們想做的事一致，這本書更帶給自救會新知識和對創新環境教育的想像。是一本大人小孩都適合閱讀又富含學識的書，超適合以家庭、學校為單位購入，希望當你們閱讀完後，也願意成為一位保護好空氣的小尖兵，從自身做起，與我們一起努力，把台灣的藍天找回來。

「埔里 PM2.5 空污減量自救會」志工

沈意婷

第1章

髒空氣，與你我切身相關

髒空氣會致病、致癌、更致命，是無國界的共同課題！

過去空氣污染會有地域侷限，但現在不分工業或住宅區，都面臨同樣的威脅。

氣候因素、地形阻隔、境外污染源、工廠固定污染源，以及龐大汽機車等移動污染源等，讓一個台灣有著很不一樣的天空表情。

空氣污染不是這幾年才有的新問題

過去人們出門前會習慣看氣象新聞，決定今天出門要不要帶把傘、穿件外套。偶爾看到空氣污染相關的訊息，通常是在新聞裡，報導某某地方污染外洩之類的消息。

但現在，漸漸地氣象新聞中已加入空氣品質預報，且空氣品質的問題不只出現在許多民生議題討論中，甚至連各式評論節目也開始討論空氣污染。這種情況是從什麼時候開始的呢？

工業革命後，空氣污染就與人們生活

事實上，自十八世紀的工業革命開始燃燒煤炭作為燃料以來，空氣污染便時時刻刻伴隨著人類文明的發展，不斷出現。

十九世紀的英國倫敦，可說是當時世界上最先進的都市。這要歸功於發明家與機械工程師瓦特（James von Breda Watt）改良了蒸汽機，突破以往機械動力不足的限制，只要有足夠的煤炭供應鍋爐，火車就能夠載運大量貨品又跑得飛快。

從此，許多機械化的工廠能夠在短時間內產出大量的產品，經濟發展得非常快速。但同時，在倫敦有大量煤炭無時無刻燃燒著，加上一般家庭暖爐也都使用煤炭作為燃料，

1952 年倫敦煙霧，是廿世紀最著名的重大空污事件。

當時沒有任何一個人預期到這會帶來什麼樣的嚴重後果。

一九五二年冬天，高密度的煤炭燃燒廢氣導致倫敦煙霧（Great Smog of London）發生，從十二月五日至十二月九日間，僅僅四天的時間，便有超過四千人死亡，並導致十萬以上的民眾呼吸道受到影響。

事實上，這次倫敦煙霧事件影響不僅於此，在日後的研究報告指出，若加上後續造成的呼吸道疾病等因素，實際上高達一萬兩千人因這個事件而死亡[1]。

工業革命以來，人們歷經過多次空氣污染事件，但直到倫敦煙霧後，空污防制終於開始被嚴肅面對。

PM2.5 小百科

髒空氣會致病、更會致癌

空氣污染物除了會讓人呼吸不順、咳嗽噴嚏不停，並對肺部造成傷害之外，世界衛生組織（WHO）更在二〇一三年時將室外空氣污染列為第一級致癌物，而且是世界上最廣泛分布的致癌物質❷。

根據國際醫學期刊《Lancet》指出❸，二〇一五年約七百萬人因空氣污染而提早死亡，其中有四百二十萬人死於大氣空氣污染，二百八十萬人死於室內空氣污染。

目前歸納出危害較大的污染物有：二氧化硫(SO_2)、二氧化氮(NO_2)、揮發性有機化合物(VOCs)、臭氧(O_3)、戴奧辛(Dioxins)以及懸浮微粒(PM)❹。其中二氧化硫(SO_2)、二氧化氮(NO_2)及臭氧(O_3)都會直接刺激呼吸道，讓我們的喉嚨感到刺痛不適。

而揮發性有機化合物、戴奧辛及懸浮微粒則是空氣污染物會致癌的主要原因。其中，粒徑較小的$PM_{2.5}$，是人體最常接觸到、且對人體危害最大的污染物。

目前$PM_{2.5}$已經被國際癌症研究機構（IARC）公告為第一級致癌物。研究指出，吸入懸浮微粒，除了與肺腺癌有關聯外，皮膚疾病、心血管疾病、胎兒發展都可能與暴露到懸浮微粒有關係（$PM_{2.5}$與健康的關係，詳見第三章）。

空污是地球上，無國界的共同課題

近百年來各種空污法令與防制技術不斷更新，但也不斷有新的空污議題冒出來並威脅我們的生活，帶來許多的健康風險和慢性疾病；時至今日，它仍是人類所面臨的難解課題。

地球公民基金會曾為了紀錄高雄的空污情況，在二〇一二進行一項為期一百天的拍攝計畫，每天從高雄辦公室觀察、拍攝，並紀錄行政院環境保護署的監測值，經過一百天的觀察發現：這一百天中，高屏地區人只有二十三天可以呼吸到好空氣。

二〇一五年，前中國央視主播柴靜自費拍攝中國空氣污染調查紀錄片《穹頂之下》，更引起世人熱烈討論。

過去空氣污染問題可能還有地域侷限，但現在的髒空氣是不分工業城市或住宅社區，都會面臨同樣的問題。

---

❶ 教育部教育百科《倫敦煙霧事件》　https://goo.gl/qU2dBr

❷ IARC Outdoor air pollution a leading environmental cause of cancer deaths.

❸ Landrigan, Philip J, Air pollution and health. The Lancet PublicHealth , Volume 2 , Issue 1 , 2017 e4 - e5.

❹ 行政院環境保護署空氣品質監測網　https://goo.gl/C929F5

事件	污染情況	危害
5. 東北霧霾事件 • 中國 • 2013年10月20～23日之間	• 以中國東北地區哈爾濱為中心，和吉林省、黑龍江省、遼寧省在內地區發生的大規模霧霾污染。東北地區大部份被濃密的霧霾覆蓋。 • 哈爾濱市PM2.5日平均值一度達到1000μg/m³，哈爾濱市的能見度嚴重地區不足5公尺。	• 黑龍江省多條高速公路關閉，一些地方交通癱瘓。 • 哈爾濱及吉林省的其他周邊城市所有中小學被迫放假停課。哈爾濱國際機場因能見度過低被臨時關閉。哈爾濱的各大醫院的呼吸系統疾病患者激增23%。
6. 華東華中霧霾事件 • 中國 • 2013年12月2~14日 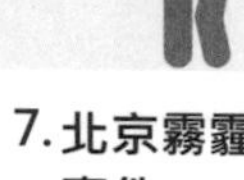	• 中國北方地區冬季供暖氣能源消耗排放的空氣污染物與機動車廢氣排放，在空氣中進一步轉化為硫酸鹽、硝酸鹽等顆粒污染物。 • 中國104個城市空氣品質達到重污染的狀況。石家莊市、邢台和保定三座城市AQI指數曾一度飆升至500。	• 高速公路大範圍關閉，國際機場航班延誤或封閉。受霧霾污染影響，江蘇、浙江、上海、河北等地均發生較為嚴重的交通事故。 • 許多城市學校全面停課，南京兒童醫院門診量上升三分之一，氣喘性氣管炎、肺炎、普通上呼吸道感染發病率都有明顯上升。
7. 北京霧霾事件 • 中國 • 2015年12月8日早上~10日 	• 霧霾期間兩度達到紅色預警。其中第二次預警依據美國駐中國大使館發布的北京地區空氣品質報告，PM2.5指數在428.0至452μg/m³之間，屬危險級。	• 發布預警期間中小學和幼兒園停課，事業單位實行彈性工作制。 

資料來源：國家教育研究院　http://terms.naer.edu.tw/detail/1318022/
　　　　　教育百科　http://pedia.cloud.edu.tw/Entry/Detail/？title=馬斯河谷煙霧污染事件

歷史上重大空氣污染事件

事件	污染情況	危害
1. 馬斯河谷煙霧污染事件 • 比利時 • 1930年12月3~5日	• 事發時正值大霧，馬斯河谷工業區一帶工廠排出的煙塵及有害氣體與濃霧混合致使二氧化硫濃度飆升。	• 居民數千人發病，症狀為胸痛、咳嗽、吐泡沫痰、繼而吐膿樣痰、呼吸急促，多人嘔吐、噁心等。 • 一周內有60多人死亡。
2. 洛杉磯光化學煙霧事件 • 美國 • 1940年代初期~1950年代	• 洛杉磯市因地形關係容易產生逆溫現象，1943年後，常在5~10月間汽車排放的含氮氧化物、碳氫化物、一氧化碳的廢氣，在日光作用下，形成淺藍色、有刺激性的光化學煙霧。 • 類似現象幾乎年年出現，其中以1952年、1955年最為嚴重。	• 許多居民發生眼睛紅脹、喉痛、咳嗽、皮膚發紅等症狀，嚴重至心肺功能衰竭。 • 大面積之植物受損，柑橘減產，車禍增多。 • 1952、1955年因呼吸系統衰竭死亡的65歲以上老人達400多人。
3. 多諾拉煙霧事件 • 美國 • 1948年10月26~31日	• 多諾拉鎮河谷兩岸工廠密集，受反氣旋和逆溫影響，加上數日持續大霧，大氣污染物在近地面層積聚，二氧化硫濃度上升，並有明顯顆粒，空氣充滿硫磺味，持續達5天之久。	• 發生期間，全鎮總人口逾四成居民出現眼、鼻、喉刺激症狀，並有胸疼、咳嗽、呼吸困難、頭痛和噁心、嘔吐等症狀，並造成17人死亡。
4. 倫敦大煙霧 • 英國 • 1952年12月5~8日	• 倫敦上空連續4天煙霧迷漫，煤煙塵經久不散，溫度逆增，逆溫層在15-40公尺低空，大氣中煙塵濃度高達4.46mg/m³，二氧化硫濃度則高達3.8mg/m³。	• 煙霧發生後3、4天，居民開始出現咳嗽、喉痛、胸悶、頭痛、呼吸困難、眼睛刺激等症狀。 • 4天中死亡人數，較常年同期間死亡人數多出4,000人。

細懸浮微粒污染是全球性的問題

世界衛生組織對 PM2.5 戒慎恐懼

人們研究細懸浮微粒（PM2.5，粒徑在二・五微米以下懸浮微粒的通稱）的歷史已有一段時間，事實上，早有許多研究顯示 PM2.5 對人體的危害很大。世界衛生組織（WHO）在二〇〇〇年的報告中，就指出 PM2.5 濃度增加，支氣管炎發生率及死亡率也會升高❶，因此促使各國政府針對 PM2.5 採取管制。

然而，大氣中的 PM2.5 不可能降到零，這是因為只要有人開火煮飯、駕車出門、抽菸、室內行走揚起的灰塵、焚香等行為都會製造 PM2.5。即使人類停止一切活動，自然界中風吹揚起的沙塵、火山爆發、天然火災、海浪飛沫也都有 PM2.5。因此，想要維持正常生活卻完全不接觸到 PM2.5 幾乎是不可能，究竟應該怎麼避免 PM2.5 的危害呢？

以健康風險角度訂出 PM2.5 標準值

毒物學之父帕拉賽爾蘇斯（Paracelsus）曾說過：「萬物皆有毒，只要劑量足。」❷意思是說，就算是我們日常熟悉的東西，只要吃進太多，還是會對人體造成傷害。例如：我們每日都需要喝約二公升的水才能維持健康身體所需，但如果一天喝了二十公升的水，就有可能降低體內電解質而引發「水中毒」的情形。

世界衛生組織之 PM2.5 空氣品質標準值和過渡階段目標

PM2.5（μg/m³）			
	年平均值	24小時平均值	濃度設定依據
第一階段目標（IT-1）	35	75	長期暴露下，約比AQG數值高出15%死亡風險
第二階段目標（IT-2）	25	50	約比IT-1降低6%的死亡風險
第三階段目標（IT-3）	15	37.5	約比IT-2降低6%的死亡風險
空氣品質準則（AQG）	10	25	長期暴露在AQG以上的濃度下，會增加心肺疾病與肺癌機率

註：微克=μg= 10^{-6}g

換句話說，一般我們認為有毒的東西，指的是只要很低的量，就可能對我們造成傷害。不過，如果我們能夠在固定時間內，將攝入量控制在一個極低微的濃度以下，就能將風險控制在可接受的範圍。PM2.5 也適用同樣的道理。

至於 PM2.5 應該控制在多少濃度才安全？世界衛生組織（WHO）在一九八七年起就針對多種空氣污染物，以人體健康風險的角度訂定全球空氣污染的目標值。

針對 PM2.5，二〇〇五年時訂出三階段過渡目標，以及空氣品質準則（Air Quality Guidelines，簡稱 AQG）❸作為各國減少 PM2.5 危害的參考值，這份報告不僅是提出 PM2.5 的標準值，也明確地指出 PM2.5 的致癌性（見上表）。

多數國家達不到AQG標準

雖然世界衛生組織（WHO）已經依據人體健康的風險來建立目標值，但各國多半還會考量國內的產業結構、技術能力等現實因素，來訂定自己的空氣品質標準。

目前世界各國PM2.5標準最嚴格的國家是美國，在二〇一二年十二月訂定出年平均值十二微克／立方公尺（μg／m^3），二十四小時平均值三十五微克／立方公尺的PM2.5標準❹。

而日本政府PM2.5的防制，則是因為一場爭取乾淨空氣的環境訴訟才開始受到重視❺。

起初是一群居住在東京高速公路附近的民眾，因為長期遭受到空氣污染而集體對日本政府、東京都政府、首都高速公路工團以及八家汽車業者提起訴訟。

經過十年的纏訟，雖然最後達成和解，但法院也依此事件要求政府設定PM2.5標準，並且認為空氣污染損害健康，政府應負責任，裁決要求成立污染損害健康的預防基金。

日本政府於是在二〇〇九年訂出PM2.5標準為年平均值十五微克／立方公尺以下，二十四小時平均值三十五微克／立方公尺以下❻。

台灣的PM2.5標準則是在二〇一二年訂定，標準值與日本相同，為年平均值十五微克／立方公尺，二十四小時平均值三十五微克／立方公尺（見左頁表）。

世界各國的 PM2.5 濃度標準

單位：μg/m³

國家	24小時平均值	年平均值
美國	35	12
日本	35	15
歐盟		25
加拿大	30	
台灣	35	15
中國	75	35

註：微克=μg= 10^{-6}g

資料來源：https：//www.slideshare.net/epaslideshare/10012-r2

! 原來如此

全世界僅有8%人口生活在良好的空氣下

依照世界衛生組織的標準，目前全世界僅有八%人口生活的區域能達到此標準。

這些符合標準的地區多在歐美地區及太平洋島國，依據二〇一六年的資料❼，全世界空氣最好的國家是位於太平洋島國的吉里巴斯。

❶ 世界衛生組織 Air quality guidelines https://goo.gl/URVku7

❷ Urs Leo Gantenbein, In History of Toxicology and Environmental Health, Chapter 1 - Poison and Its Dose: Paracelsus on Toxicology, Editor(s): Philip Wexler, Toxicology in the Middle Ages and Renaissance, Academic Press, 2017, Pages 1-10, ISBN 9780128095546.

❸ 世界衛生組織 Air quality guidelines https://goo.gl/gdLWAF

❹ 美國國家環境保護局 https://goo.gl/bq4Uu4

❺ 獨立行政法人環境再生保全機構《東京大気汚染公害訴訟》 https://goo.gl/oYbXhB

❻ 日本環境省《微小粒子状物質（PM2.5）に関する情報》 https://goo.gl/fmSSrm

❼ World Health Organization, Ambient air pollution: A global assessment of exposure and burden of disease, 2016, ISBN: 9789241511353.

AQI指標讓健康零漏洞

以前出門看天氣，現在出門看空氣品質

知道空氣品質好壞，我們都是依賴空氣品質監測站的測值判斷。一般而言，空氣品質監測站會同步監測很多項空氣污染物，以判斷全面的空氣品質現況。

但是，對一般人來說，很難弄清楚一大串的監測數據所代表的意義，因此重要的是看懂綜合判斷空氣品質狀況的指標。

台灣在一九九三年開始使用「空氣污染指標」（Pollutant Standards Index，簡稱PSI），依照測站監測得到的臭氧、PM_{10}、一氧化碳、二氧化硫及二氧化氮等污染濃度作為評斷基礎。

由於$PM_{2.5}$問題逐漸被民眾重視，二〇一四年之後，一併呈現PSI及$PM_{2.5}$濃度測值。

二〇一六年十二月開始，我國採用「空氣品質指標」（Air Quality Index，簡稱AQI），其架構與美國所用者相近。

「橘色」就會對過敏族群產生影響

基本上，AQI納入的指標空氣污染物包含：臭氧、$PM_{2.5}$、PM_{10}、一氧化碳、二氧化硫及二氧化氮，以每小時濃度測值為計

PSI 和 AQI 指標的差別

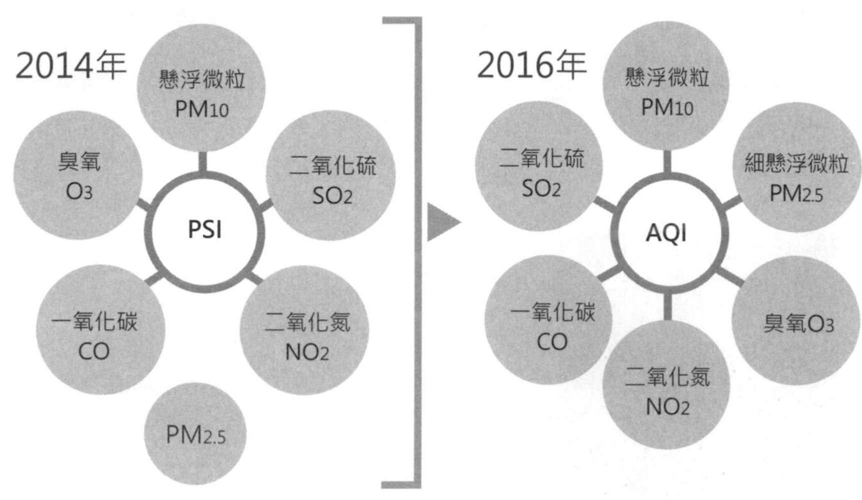

算基礎，先計算不同污染物指標分數，再選出分數最高的污染物，來代表該地區的指標污染物，以此呈現指標值。

空氣品質指標AQI「綠色」表示空氣品質良好，「黃色」是空氣污染程度較低或較少、「橘色」代表對敏感族群不健康，「紅色」代表對所有族群不健康，也就是俗稱「紅害」，就是要注意戶外活動強度，如果出現紫色與褐色警示，就代表非常不健康及可能造成危害。

另外，AQI也是政府施行緊急應變措施的參考依據（詳見第三十二頁）。

AQI 指標所代表的意涵

(AQI) 空氣品質指標	狀態色塊	PM2.5(μg/m³) 24小時平均值	人體健康影響
0～50	良好	0.0~15.4	空氣品質為良好，污染程度低或無污染。
51～100	普通	15.5~35.4	空氣品質普通；但對非常少數之極敏感族群產生輕微影響。
101～150	對敏感族群不健康	35.5~54.4	空氣污染物可能會對敏感族群的健康造成影響，但是對一般大眾的影響不明顯。
151～200	對所有族群不健康	54.5~150.4	對所有人的健康開始產生影響，對於敏感族群可能產生較嚴重的健康影響。
201～300	非常不健康	150.5~250.4	健康警報：所有人都可能產生較嚴重的健康影響。
301～500	危害	250.5~500.4	健康威脅達到緊急，所有人都可能受到影響。

資料來源：行政院環境保護署

原來如此

空氣監測為何只測指標污染物？

空氣中污染物百百種，但要一一檢測不僅成本高昂，且曠日廢時，無法作為即時應對的依據。世界各國都是根據排放量、健康危害，以及源頭特性來選擇空氣品質指標污染物，作為空氣品質監測的目標對象。

首先會以健康風險評估為主體，挑出對人體影響較大的污染物，例如 PM2.5，其次會參考排放量較高的污染物。最後則是考量來源特性，有助於判斷空氣主要受哪種污染源影響，例如：二氧化硫常可代表燃燒含硫燃料（如煤、柴油等）的排放，一氧化碳常可代表燃燒不完全排放（如汽機車排放、露天燃燒等）。

AQI紅色怎麼辦？

AQI是我國空污應變的依據

ＡＱＩ空氣品質指標，不僅保障民眾呼吸的空氣權，更是國家採取空污緊急應變措施的重要依據。二〇一七年行政院環境保護署修正發布《空氣品質嚴重惡化緊急防制辦法》，依照空氣污染的嚴重程度劃分等級，並針對工廠、汽機車、露天燃燒、道路揚塵做出相對應強度的管制。

當ＡＱＩ指標達到一百以上，也就是橘色時，政府部門將啟動二級預警機制，要求這個區域排放規模為前二十％的主要污染源進行設備查核，並且會要求降低排放，同時進行灑水、降低揚塵等減輕空氣污染的機制。

若ＡＱＩ達到一百五十以上，也就是紅色時，則達到一級預警，排放量為前四十％設施都會被納入應變機制，包含電廠降載、工廠減產，並協調高耗電產業降低用電量等，以及停止高中以下學校的戶外活動。

而ＡＱＩ達二百以上為紫色，進入三級嚴重惡化的等級，在一級預警的管制再加強所有火力發電廠、金屬工業、石化工廠、焚化爐等工廠排放量削減十％以上，並且禁止露天燃燒。此外，加強洗掃降低揚塵、提供大眾運輸工具優惠措施、降低道路速限及限制二行程機車、柴油大貨車與大客車行駛。

空氣污染防制區分級表

分級	定義
一級防制區	國家公園及自然保護(育)區等依法劃定之區域
二級防制區	指的是一級防制區外，符合空氣品質標準區域
三級防制區	指的是一級防制區外，未符合空氣品質標準區域

空氣品質嚴重惡化分級圖

AQI指標	0~50	51~100	101~150	151~200	201~300	301~500	
			二級預警	一級預警	三級嚴重惡化	二級嚴重惡化	一級嚴重惡化

AQI超過三百即達褐色的危害等級，三百至四百是二級嚴重惡化，而四百以上則是最高的一級嚴重惡化。在三級嚴重惡化的管制之上，二級嚴重惡化時環保機關可要火力發電廠、工廠減排二十％以上，而一級嚴重惡化則是將火力發電廠、工廠減排提升到四十％以上，並禁止使用各類交通工具（電動機車、救護車、消防車等特殊情況除外）、露天燒烤等行為。

空氣污染防制區劃分三個等級

空氣污染防制緊急應變措施，是為因應氣象條件擴散不良時期，於短時間內緊急應變的暫時性措施，但是因為不同縣市、地區，因為區域發展、地形氣候的不同，就會出現有些地區就是某種污染物時常偏高的情況，這時候，就需要在平時就落實長期性的空氣

環境空氣品質標準

項目	標準值	
總懸浮微粒(TSP)	24小時值	250 $\mu g/m^3$
	年平均值	130 $\mu g/m^3$
PM_{10}	日平均值或24小時值	125 $\mu g/m^3$
	年平均值	65 $\mu g/m^3$
細懸浮微粒($PM_{2.5}$)	24小時值	35 $\mu g/m^3$
	年平均值	15 $\mu g/m^3$
二氧化硫(SO_2)	小時平均值	0.25 ppm
	日平均值	0.1 ppm
	年平均值	0.03 ppm
二氧化氮(NO_2)	小時平均值	0.25 ppm
	年平均值	0.05 ppm
一氧化碳(CO)	小時平均值	35 ppm
	8小時平均值	9 ppm
臭氧(O_3)	小時平均值	0.12 ppm
	8小時平均值	0.06 ppm
鉛	月平均	1.0 $\mu g/m^3$

資料來源：行政院環境保護署2012年公告的空氣品質標準

污染防制策略。

也因此，台灣的空氣污染防制法就把全台灣依照不同的空氣污染物之空氣品質標準、狀況、需求劃定空氣污染防制區，並且分為三個等級（見三十四頁）。這項分級除了顯示當地的不同空氣品質狀況之外，也有對應的管制要求。

◆一級防制區

主要是國家公園或自然保護區等，具有一定環境要求的區域。

在一級防制區內，除了國家公園和現有居民基本民生必需設施外，以及國防設施外，不能有新設、擴增、更新或改建的固定污染源。這是基於生態保育，必須嚴格監控空氣品質。

◆二級防制區

指的是一級防制區之外，空氣污染物符合空氣品質標準的都屬於這一等級。

在二級防制區內如果要增設、變更(更新、改建)的固定污染源達到一定規模，就要先證明不會因此影響這個防制區的等級，以及不會影響鄰近防制區的空氣品質。

◆三級防制區

三級防制區則是，空氣污染物超過空氣品質標準的都屬於這一等級。

在這一級，空氣污染物已經超標，所以若有固定污染源要新增或變動，排放量達一定規模者都會被要求應採用最佳可行控制技術，而且必須在不影響這個地區和鄰近地區的目前空氣品質的限定值以內，以減少對空氣品質的影響。

!原來如此

固定污染源vs移動污染源

環保單位為了便於管理會排放空氣污染物的來源，依照排放特性將排放污染來源分固定、移動污染源。

「移動污染源」指的就是有本身具有動力可以四處移動的污染排放來源，主要是各式汽機車，其他如船舶、火車、飛機也都屬於移動污染源。

「固定污染源」簡單說，就是不會移動的污染排放來源，例如工廠的煙囪、房屋建築或交通建設工地、餐廳廚房排放油煙等，都屬於固定污染源。

2016 年公告的各縣市空氣污染防制區分級圖

全台灣依照不同污染物，劃分空氣污染防制區。

二級防制區
三級防制區
懸浮微粒
PM10

二級防制區
三級防制區
臭氧
O3

三級防制區
二級防制區
細懸浮微粒
PM2.5

二級防制區
二氧化硫
SO2

二級防制區
二氧化氮
NO2

二級防制區
一氧化碳
CO

台灣入秋，空氣品質就容易變糟

氣候與地形，使秋冬兩季空氣品質較易變糟

◆東北季風起，宣告台灣進入空污季節

台灣 $PM_{2.5}$ 的污染，經常發生在入秋之後。東北季風一吹來，一陣大雨之後天氣涼了，往往整個冬天就難享有良好的空氣品質，也宣告台灣開始進入空污季節。

◆地形阻隔，南北兩樣情

北台灣，東北季風將中國髒空氣吹來，是最常見的污染來源。例如二〇一七跨年夜，因為來自中國的髒空氣，讓大家得戴著口罩迎新年。而到了中南部，則因為東北季風被中央山脈阻擋，導致空氣擴散不佳，使得本土產生的 $PM_{2.5}$ 污染物過度累積。

逆溫現象是空氣變髒的重要因素

除了地形阻隔及中國外來的污染以外，冬天很多時候地面附近的溫度會比上空的溫度還要低，恰好與一般越高空氣越冷的狀況相反，這就是所謂的逆溫層。

「逆溫現象」就像是一個看不見的蓋子籠罩在上方，讓地面上產生的煙霧受到阻擋而無法擴散到高空，並劇烈地放大空氣污染的程度，埔里就經常因為逆溫層下降，導致空氣變糟。

逆溫現象會讓空氣污染加重

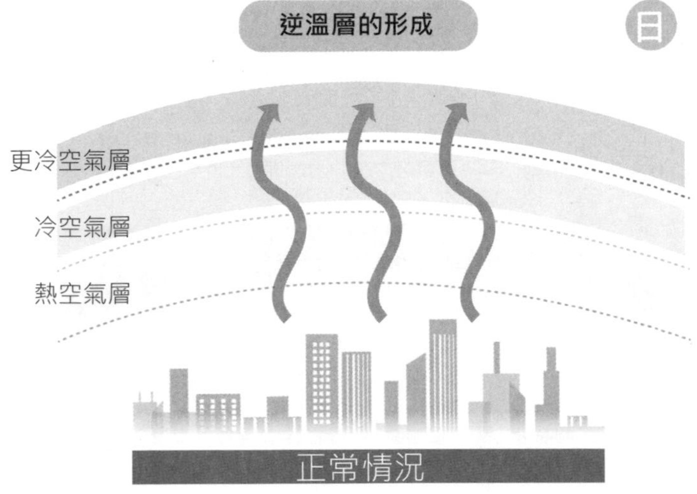

在正常情況下，近地面的大氣中，當高度越高時，氣溫越低，這我們平時很容易感受到，比如一般山上氣溫會比山下冷。

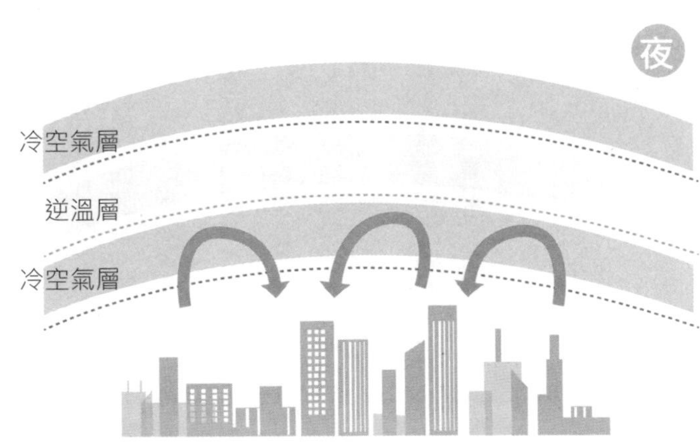

逆溫層經常出現在冬天的晚上，這是因為地表會放出紅外線散熱，使得與地面接觸的空氣溫度一起下降；而離地較遠的空氣，雖然也在降溫但降得比較慢，形成高度越高溫度反而增加的狀況，離地較遠的暖空氣即為逆溫層。

PM2.5 小百科

為什麼逆溫現象都出現在冬天？

前面提到的重大空污事件，幾乎都是在冬天發生，而發生的原因也與逆溫現象有很大的關係。

● 冷冬晴朗夜的逆溫現象

逆溫現象最常見於冬天晴朗無風的夜晚，原因在於地表散熱快，造成地面反而比其上層之氣溫更低，故形成下冷上熱的現象（即輻射逆溫）。

這也使空氣結構變得很穩固而不易對流，使空氣污染物難以散去。

● 冬夜山谷地區的逆溫現象

山谷地區也會發生山地逆溫，主要發生在冬季夜晚的山谷地區。

山谷地形中的山坡和谷地原本就有溫差，山谷底的暖空氣上升之後，四周山坡冷空氣會下降至山谷，而使冷空氣積在較低的地方，就形成上熱下冷的逆溫現象（見左頁上圖）。

● 冷氣團過境的逆溫現象

當大陸冷氣團過境時，由於冷空氣較重，會將當地的暖空氣抬升，而形成逆溫現象（見左頁下圖）。

此現象，雖然帶來晴朗天氣，但也會讓污染物無法順利垂直擴散，而使空氣品質惡化。

形成逆溫現象的原因

冬夜山谷地區的逆溫現象

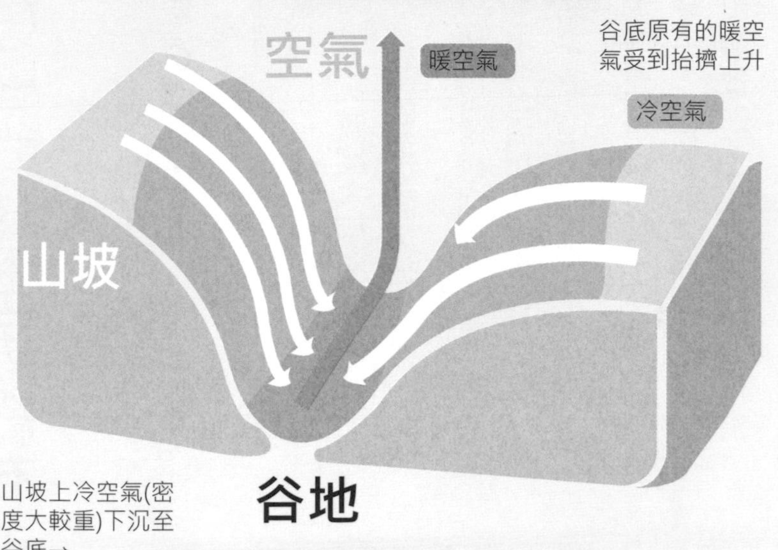

影響：山區農作避免栽種於谷底防止凍傷

冷氣團過境的逆溫現象

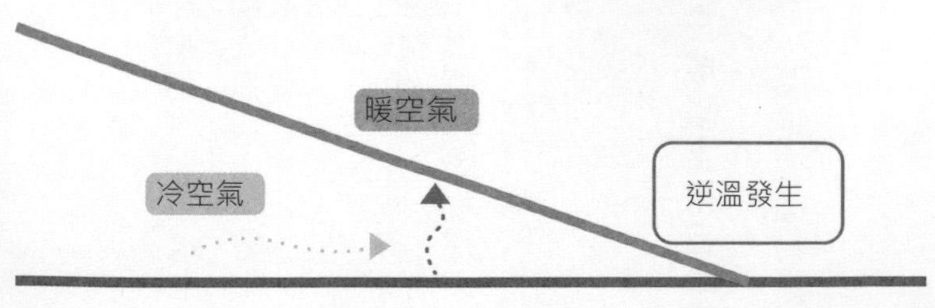

二〇一六年空污約有二十七%來自境外

超過七成的空污是本地產生❶

在二〇一六年，高雄左營是全台灣空氣品質最差的地區之一，一年之中有將近十五%的時間達到「PM2.5 濃度大於七十一微克／立方公尺」❷。這些髒空氣究竟從何而來？

行政院環境保護署的研究發現，那一年的髒空氣僅有二十七%的比例來自境外污染，而高達七十三%都是台灣本地產生的污染❸。

一般我們接觸到的空氣污染，通常已經過一定範圍的擴散，不像剛從煙囪排出來時濃度那樣高，但擴散並非將污染從空氣中消除，而是「稀釋」；就像在一大杯水中加入一匙鹽巴，雖然看似消失無形，但實際上量並未因此消失。

所以經由擴散可以把我們居住城市的污染物濃度降低，也可藉由風將污染物從甲地傳輸至乙地。因此污染物也會有來自其他縣市，或者遠從境外移入。

台灣 PM2.5 污染源，三成以上來自車輛

想要減少髒空氣威脅，還是要從污染減量下手。

台灣境內 $PM_{2.5}$ 來源貢獻的大概比例

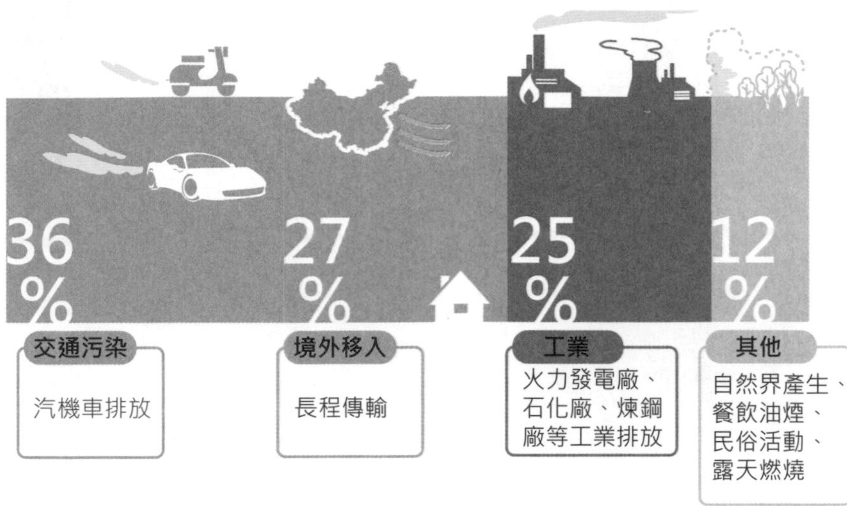

由台灣境內 $PM_{2.5}$ 來源貢獻比例來看（見上圖），各項 $PM_{2.5}$ 的污染來源相當平均，最多的是汽機車排放，約有三十六%，其次是來自境外污染的長程傳輸，約有二十七%，而火力發電廠、石化廠、煉鋼廠等工業排放，約有二十五%，而自然界產生，以及人為的餐飲油煙、露天燃燒或焚香、鞭炮等民俗活動（詳細說明，請見第二章），約有十二%。

❶ 行政院環境保護署「105 年空氣品質監測年報」。

❷ 二〇一六年指的是與PSI並行的 $PM_{2.5}$ 指標。

❸ 行政院「整合各部會量能加速改善空氣品質報告」。

一個台灣，天空表情大不同

一個台灣七個空氣品質區❶

台灣因為地形以及產業分布變化很大，使得各地的空氣污染狀況都大不相同。例如：北部因為冬季多雨且工廠較少的關係，相較中南部有較好的空氣；而且即使是同一天，東部的天空可以湛藍清新，但西部卻是灰霾籠罩。

也因為不同地域地形、氣候，以及區域發展特性不同，台灣分成北部、竹苗、中部、雲嘉南、高屏、花東、宜蘭七個空氣品質區。

◆北部：春秋兩季空氣較差

北部空品區包含基隆、台北、新北以及桃園，位於東北季風的迎風面，冬季除風速較強之外也常下雨，使得空氣品質能維持在不錯的情況。

在北部空品區中，因為汽機車數量眾多，春秋兩季大氣環境較穩定無風，而且陽光強烈照射之下，容易產生臭氧及$PM_{2.5}$，導致空氣品質不好，受汽機車污染影響，空氣品質的情形更為加重❷。

◆竹苗：東北季風吹散在地污染源

竹苗空品區包含苗栗及新竹，空氣品質僅次於北部空品區。這一區內有新竹的工業區以及科學園區等污染源，但因為東北季風吹到新竹時風速較大且穩定，可以將污染物吹散至台灣海峽，空氣品質狀況較中南部佳，但相對於北部空品區，在地污染源的影響比較大。

◆中部：工業區、火力發電廠聚集，鄰近農業區也受影響

中部空品區包含台中、彰化以及南投三個目前深受 PM2.5 污染的地區。台中及彰化沿岸有許多工業區，以及火力發電廠、鋼鐵廠，和中部地區交通工具等，都是這個空品區中重要的污染來源。

然而，中部 PM2.5 污染嚴重，與風向、地形有很大的關聯性。因為中央山脈阻擋的關係，東北季風在中部不太明顯，使空氣污染不易被吹散，反而因為海風，導致污染物容易吹往台中市區、彰化市等人口密集的內陸地區，造成更多人健康受到影響。

至於南投雖然是農業大縣，卻常見「紅色災情」，主要原因在於地形為盆地的關係，若逆溫層變低，會使之前傳入及本地產生的污染不易排出，PM2.5 快速累積而出現「紅色」。

◆雲嘉南：受工業與農業製造的 $PM_{2.5}$ 影響大

雲嘉南空品區包含雲林、嘉義以及台南，這三個縣市都是在廣大的平原地區，除了幾個大工業區（雲林的六輕、台南的南科）以外，大部分以農業為主。這個地區除了受到北部及中部空品區的跨域污染以外，每期稻作收成後焚燒稻草也是重要的 $PM_{2.5}$ 來源。

◆高屏：全台空污嚴重區域，恆春例外

高屏空品區包含高雄及屏東兩個全台空污最嚴重的區域。一方面承受了從中部空品區一路傳送過來的 $PM_{2.5}$；一方面高雄身為全台重工業最密集的地區，工廠排放一直是很重要的 $PM_{2.5}$ 來源。

海洋及陸地溫度差異所造成的海陸風，使得高雄的污染會以垂直海岸線的方向往東南吹到屏東，連帶的使屏東成為空污最嚴重的地方之一[3]。

在高屏空品區中，恆春的空氣品質是唯一可以媲美台東的地方，因為強力的落山風（東北季風）引入台東清淨的空氣，增進空氣污染擴散所導致。

◆宜蘭：空氣品質佳，但部分地區有工業區及水泥工廠製造 $PM_{2.5}$

在冬天時，因為蘭陽平原面朝東北，直接承受東北季風的吹襲，因此非常容易受到來自中國大陸的境外污染。

但因為季風帶來的水氣，讓當地很常下雨可以洗淨髒空氣。宜蘭最重要的排放來源是工業區及水泥工廠，此外，雪山隧道通

車後，帶來大量車潮及交通壅塞，移動污染源的污染也不容小覷❹。

◆花東空品區：空氣品質最好

花東空品區包含花蓮及台東，這兩個地方是目前空氣品質最良好的區域，原因為花東空品區內工廠很少，而且車輛較少的緣故❺。

明明都住在台灣，卻因為氣候因素、地理位置、四季更迭等，讓一個台灣有著很不一樣的天空表情，住在空氣佳的人可以大口呼吸，反觀住在空氣髒的人只好戴著口罩出門了。

！原來如此

影響空氣品質的兩大因素

一個地方的空氣很糟，有兩大因素：首先是污染源，其次是擴散條件。

首先一定要有污染源的存在，大至發電廠煙囪、小至抽菸都是空氣污染源。髒空氣從污染源排放出來後，都是很高的濃度，因此，排放源附近若沒有充分的空氣流動協助擴散的時候，會使污染情況惡化。

而另一種情況是，某些氣候條件下，會使污染物往特定方向擴散移動，也會影響這個地方的空氣品質。

❶ 行政院環境保護署「105 年空氣品質監測年報」。

❷「台灣細懸浮微粒 ($PM_{2.5}$) 成分與形成速率分析」專案工作計畫期末報告。

❸「海岸氣象對空氣污染物擴散的影響」環保簡訊 27 期。

❹ 宜蘭縣環保局「宜蘭縣空氣品質監測」 https://goo.gl/uM9QGv。

❺「台灣細懸浮微粒 ($PM_{2.5}$) 成分與形成速率分析」專案工作計畫期末報告。

猜一猜，台灣哪裡空氣最好？

台灣空氣品質最好的地方，符合世界級標準

依二〇一六年統計資料，就台灣空氣品質來看，只有花東及宜蘭符合台灣自己訂立的標準，但若更詳細看每個測站的數據，符合空氣品質標準的地方，還有北部的基隆、新北萬里，以及南部的屏東恆春。

如果再進一步了解，空氣品質最好的地方是屏東恆春、台東以及宜蘭冬山，這三個地方的 $PM_{2.5}$ 年平均值即使是拿世界衛生組織（WHO）所訂的空氣品質準則值（十微克／立方公尺）來看都是合格的。

例如：恆春的 $PM_{2.5}$ 年平均值在二〇一六年僅六．三微克／立方公尺，比台東的 $PM_{2.5}$ 年平均值八．九微克／立方公尺還要低，而第三名的冬山 $PM_{2.5}$ 年平均值也僅有九．二微克／立方公尺。

台灣空氣品質最差的地方，工業污染與地形因素導致

基本上，台中、埔里、雲林、嘉義、台南、高雄、屏東這些地方的空氣都是在冬天的時候會比較糟糕，主要是因為東北季風的緣故，大體上污染是由北向南傳送，加上擴散不易使得空氣變髒。

如果進一步細究台灣PM$_{2.5}$問題最嚴重的地方，則是高雄左營及前金、雲林崙背、屏東潮州，以及南投埔里。

當一個地方的空氣不好，天空又霧茫茫，通常會直覺得想到當地一定有很多的工廠在偷偷排放廢氣，才會讓空氣突然變糟。但是，屏東潮州和南投埔里本身沒什麼工廠，人口也不密集，卻年年名列空污重災區，這又是為什麼呢？

屏東潮州的空氣髒，主要是因為高雄的污染物吹來，隨即受到大武山擋下，因而落在潮州。雲林崙背位在出海口，河川揚塵再加上有固定污染源，也使得一整年空氣多不好。

如果遇到特殊的地形或氣象型態，就有可能讓空氣污染惡化。埔里就是這種情形，由於是盆地地形，當天氣突然變冷讓天空中的逆溫層降低，就會使得污染物無處擴散，導致髒空氣被困在其中。

空污原因不能只單純看待

另外，如果地處海邊或山邊，受到海陸風或山谷風的影響大於季風，污染飄送的方向便與其他地方不同，像是美濃就是常因海風將高雄工業區的污染吹過來而身受其害。

台灣各地空氣品質不同，除了受到工廠、中國境外污染影響外，當地的污染源、地形阻隔、海陸風、山谷風、風力微弱、逆溫現象等因素都會影響PM$_{2.5}$濃度。

當污染發生時，應該多方考量，看清每一次空污影響的成因，才有機會針對原因改善空氣品質。

小講堂

沙塵暴知多少？

台灣在冬末及春天時，經常受到沙塵暴的影響，讓空氣一夜之間變得霧茫茫，受害最深的地區莫過於是北部以及西部的離島。

沙塵暴的起源是在中國西北方沙漠區，若當時中國西北的沙漠區沒有降雪、降雨，在強風的吹襲之下，就會揚起大量的沙塵形成沙塵暴❶。三十微米左右的沙塵，並不會移動很遠，但十微米以下的沙塵，就有可能被風吹上一千五百公尺以上的高空，並隨風飄到遠方。

沙塵暴頻率增加，和人類過度開墾有關

大範圍的沙塵暴有可能籠罩整個東亞地區，對周遭的國家造成危害。這些沙塵大部分往東吹到日本、韓國，最東邊可達夏威夷，若搭配寒流或是東北季風較強的時候，就有可能往南吹到台灣。像是二〇一七年跨年夜，台北空氣變得很髒，就是因為中國甘肅地區受強風吹襲而揚起的強烈沙塵暴，在甘肅當地的 $PM_{2.5}$ 濃度，甚至使ＡＱＩ升高到九百九十九的超高數字而無法觀測等級❷。

沙塵暴的危害程度與發生頻率日漸增加，和中國西北方以及蒙古的沙漠化有很大的關係，蒙古草原因為過度放牧、不當灌溉造成土壤鹽鹼化，以及氣候變遷的影響，使沙漠化土地逐漸擴大。不只是台灣受到嚴重的影響，中國內陸各地除空氣品質以外，農業、畜牧業等經濟活動都受到毀滅性的危害。

---

❶ 行政院環境保護署沙塵暴監測網 https://goo.gl/B414mN

❷ 《berkeleyearth.org》，2017.12.29 https://goo.gl/osmRRq

第2章

認識細懸浮微粒PM2.5

台灣的PM2.5有七成是自產的，來源涵蓋食衣住行，並不是單一「誰」的責任！

生活習慣及周遭的汽機車、工業活動、露天燒稻草、焚香燒金紙、煎煮炒炸等，都是PM2.5的最大幫兇。其中焚香、抽菸等源頭的濃度與毒性，不亞於森林火災！

懸浮微粒越小，越容易威脅健康

懸浮微粒在日常生活中很常見

我們看似空無一物的空氣，其實裡面有很多小顆粒，在粒徑十微米以下的微粒，就是所謂的懸浮微粒，簡稱 PM_{10}。

懸浮微粒在日常生活很常見，例如：河床吹起的揚塵、砂石車經過揚起的飛塵、工廠煙囪冒出的煙、焚香燒金紙的白煙、二行程機車的排煙、廚房炒菜的油煙，以及光化學反應產生的細微粒（或稱二次氣膠）等，都是懸浮微粒。

$PM_{2.5}$ 細懸浮微粒，是空氣中的危險污染物

這些可以飄浮在空氣中的懸浮微粒大多都小於一百微米（一微米等於百萬分之一公尺）。海邊的沙粒直經約九十微米，雖然可以飄浮在空中，但只要風停下來，很快就會落地。

三十微米以下的懸浮微粒就可以飄浮在空氣中比較長的時間，像是花粉、黴菌、灰塵、煙霧等。而且，顆粒直徑越小，在空氣中可以漂浮的時間就越長。

PM2.5 到底有多小

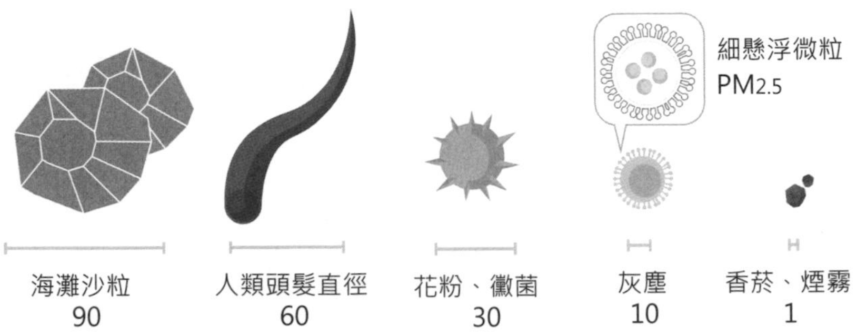

空氣中懸浮微粒的分布圖

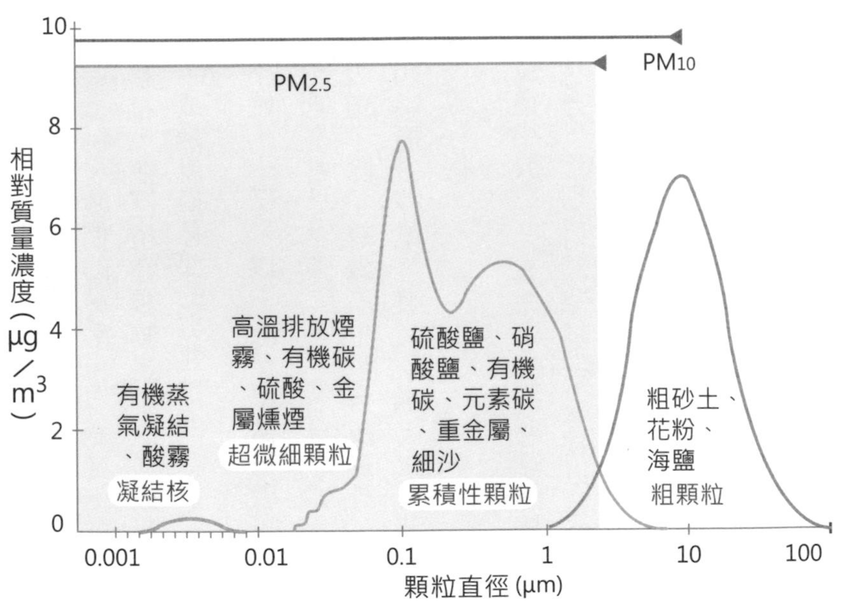

資料來源： Watson, John, Visibility: Science and Regulation. Journal of the Air & Waste Management Association, 2002.

然而，空氣中即使是來源相同的懸浮微粒，也有可能會有不一樣的顆粒大小（粒徑），例如風刮起的揚塵，大部分約是十微米左右，但也會有一小部分的揚塵大小在二・五微米以下。因此，即使只有十％的揚塵小於二・五微米，當強風揚起非常大量揚塵時，可能會使 PM_{10} 及 $PM_{2.5}$ 均嚴重超標。

懸浮微粒越小，對健康越有害

我們可以看到代表懸浮微粒簡稱的ＰＭ後方常會加一些數字，例如：PM_{10}、$PM_{2.5}$。這些數字代表粒徑的大小，如 PM_{10} 就代表粒徑小於十微米的懸浮微粒，而 $PM_{2.5}$ 就是粒徑小於二・五微米的所有懸浮微粒，通常也稱為「細懸浮微粒」，這是一種極小的顆粒。

當我們吸進空氣的時候，在空氣中的懸浮微粒往往也跟著被吸進呼吸道內，就可能對身體造成危害。還好我們的身體有一套自我保護機制。我們的鼻毛可以過濾十微米以上的顆粒，並沉積在鼻腔之中，形成鼻屎、噴嚏，或是以擤鼻涕的方式排出。

不過，十微米以下的懸浮微粒就可以進入到呼吸道中，大於二・五微米的會沉積在上呼吸道，除了導致產生較多痰之外，也容易引起鼻癢、咳嗽等發炎反應，以及氣喘、氣管炎等疾病。

粒徑小於二・五微米的細懸浮微粒，也就是 $PM_{2.5}$，則可以深入到支氣管以及肺泡中，可能引起支氣管炎、氣喘等疾病。

不只如此，因為進入肺泡的 $PM_{2.5}$ 很難排出體外，長期累積下還會增加罹患癌症的機率。

懸浮微粒分類及定義

名稱	粒徑（μm）	定義
TSP (總懸浮微粒)	≤ 60	粒徑約60μm以下的所有微粒
PM_{10}	≤ 10	粒徑小於等於10μm的微粒
$PM_{2.5}$ (細懸浮微粒)	≤ 2.5	粒徑小於等於2.5μm的微粒
$PM_{0.1}$ (超細懸浮微粒 或奈米微粒)	≤ 0.1	粒徑小於等於0.1μm的微粒

資料來源：行政院環境保護署

單位：微米=μm=10^{-6}m

懸浮微粒在人體中沉積部位

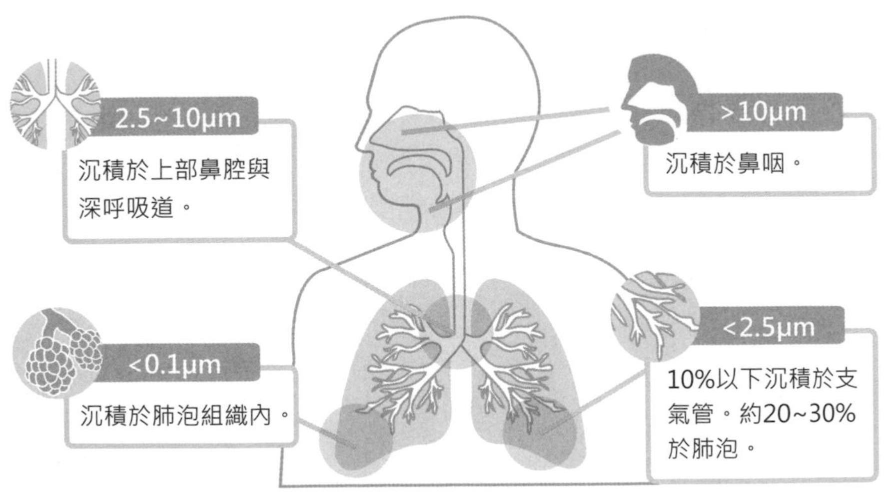

PM2.5 有自然生成，也有人為產生的

PM2.5 源頭分兩大類：自然的與人為的

PM2.5 因為是粒徑在二・五微米以下所有細微顆粒的通稱，不同來源的 PM2.5 不只有不同的化學性質，在空氣中懸浮的時間、條件與分布範圍也都會有所差異。

PM2.5 從源頭來看，可以分為兩大類，一是自然界生成的，另一是人為產生的。

◆自然界產生的 PM2.5

自然界產生的 PM2.5 來源，常見的例如：河床在枯水期風吹揚起的沙塵、沙漠地區的沙塵、海浪拍打時飛到空氣中的小鹽粒、火山爆發的灰燼、森林大火的黑煙等。而這些微粒大部分都是二・五微米以上的粗微粒，PM2.5 的比例較低。這些 PM2.5 雖然是自然因素生成，有些無法預期何時發生，但實際上有其發生的自然規律，且生成的 PM2.5 成分相對單純，若能事先準備，也就能降低傷害。

◆人為產生的 PM2.5

人為產生的 PM2.5 來源廣泛，從汽機車引擎排放、露天燒稻草、工業製程產生、焚香燒金紙等，都會生成 PM2.5。

自然與人為的 PM2.5

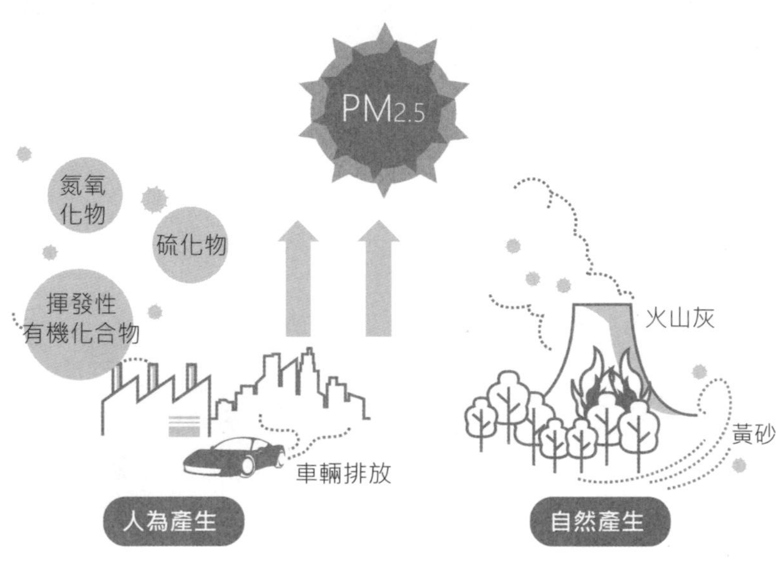

人為產生的 PM2.5 成分五花八門，但也有規律可循，也就是產出的過程用了什麼成分，造成 PM2.5 有相應的成分。例如二〇〇〇年以前，汽油中添加四乙基鉛，燃燒後排出的 PM2.5 就會含有鉛。

現在常用來作為燃料的物質中，天然氣因為成分單純，而且氣體的形式也比較容易完全燃燒，是目前空氣污染較輕微的燃料。

相對的，生煤、褐煤就含有一些重金屬成分、硫等物質，在燃燒後，若沒有空氣污染防制設備去除有害物質時，就可能會產生許多帶有致癌物、毒性物質的 PM2.5。

飄浮在空氣中才合成的衍生性 PM2.5

$PM_{2.5}$ 雖然有些來自自然，有些來自人為，但它們並不是生成後就只安分的隨著空氣飄浮擴散，有些還會在氣候、地形不同條件下，和空氣中其他物質產生化學反應，成為成分和特性更加複雜的 $PM_{2.5}$。

原生性 PM2.5 特性：排放出來時就是 PM2.5

根據產生的原理，$PM_{2.5}$ 可以分為原生性和衍生性 $PM_{2.5}$(或稱二次氣膠)。

原生性 $PM_{2.5}$ 指的是「排放出來時就是 $PM_{2.5}$」。例如工廠的排煙、卡車排氣管的黑煙、廚房的油煙，以及自然界所產生的海洋飛沫，這些都是原生性 $PM_{2.5}$。

原生性的 $PM_{2.5}$ 與其他的氣體污染物類似，都是在排放源頭的濃度最高，進到空氣之後隨著風一起移動擴散，隨著與源頭的距離越遠，濃度就會逐漸地降低。

衍生性 PM2.5 特性：在空氣中才形成

衍生性 $PM_{2.5}$ 是「污染物在空氣中才形成的 $PM_{2.5}$」。例如排放至空氣中的氮氧化物（NO_x）、揮發性有機化合物（VOCs）、氨氣等，因陽光照射下產生光化學反應，生成的衍生性 $PM_{2.5}$。

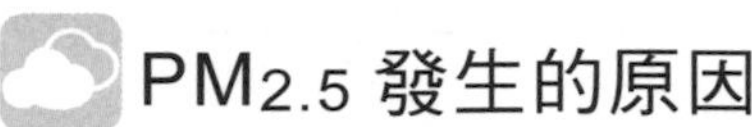

PM2.5 發生的原因

氣體污染物會在空氣中發生光化學反應、液相化學反應，以及有機蒸汽氧化凝結等物理化學作用，而產生衍生性 PM2.5。

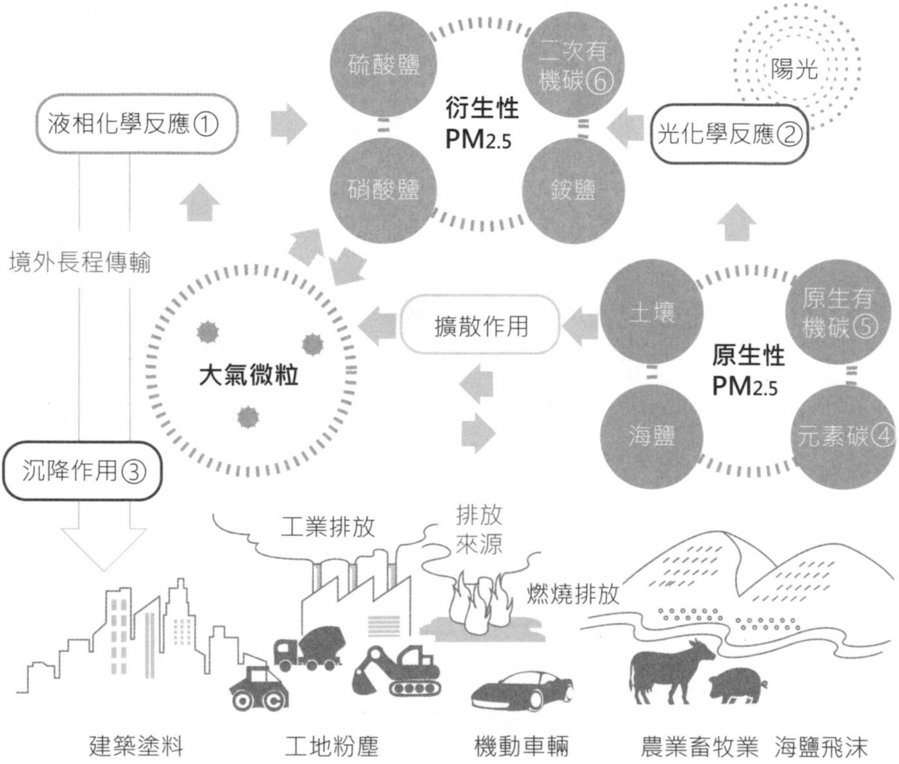

硫酸鹽
二次有機碳⑥
陽光
液相化學反應①
衍生性 PM2.5
光化學反應②
硝酸鹽
銨鹽
境外長程傳輸
土壤
原生有機碳⑤
擴散作用
大氣微粒
原生性 PM2.5
海鹽
元素碳④
沉降作用③
工業排放
排放來源
燃燒排放
建築塗料
工地粉塵
機動車輛
農業畜牧業
海鹽飛沫

①液相化學反應	大氣中的污染物溶解於懸浮的小水滴後，於水滴中與金屬離子、強氧化劑進行的化學反應。
②光化學反應	污染物在空氣中受陽光照射被氧化的反應。
③沉降作用	指PM2.5經過物理作用降落到地面的作用，分為雨水淋洗造成的濕沉降，以及顆粒因本身重量掉落的乾沉降，使PM2.5自空氣中移除。
④元素碳	化學組成單純為碳的顆粒，是黑煙的主要成分。
⑤原生有機碳	污染源直接排出的有機顆粒物，例如：二行程機車的青白煙。
⑥二次有機碳	污染源排出後，在大氣中被氧化形成的衍生微粒。

PM2.5 小百科

衍生性 PM2.5 的生命週期

PM2.5 在空氣中形成時，除原生性微粒外，也可能是蒸氣凝結，或是因為化學轉化而產生微小的顆粒，部分因乾沉降或降雨的濕沉降作用而自空氣中移除，以下圖為例。

PM2.5 能長時間懸浮在空氣中，但並不是永遠都會在空氣中漂浮。大自然對於這些 PM2.5 顆粒有兩種自然沉降的方式：

第一個是「乾沉降」❶，主要是 PM2.5 因重力沉降到地面，或因慣性衝擊作用而從空氣中去除。

第二個是「濕沉降」❷，降雨或降雪過程中會撞到許多 PM2.5，像掃帚一樣把 PM2.5 從空氣中掃下來，把空氣掃除乾淨。

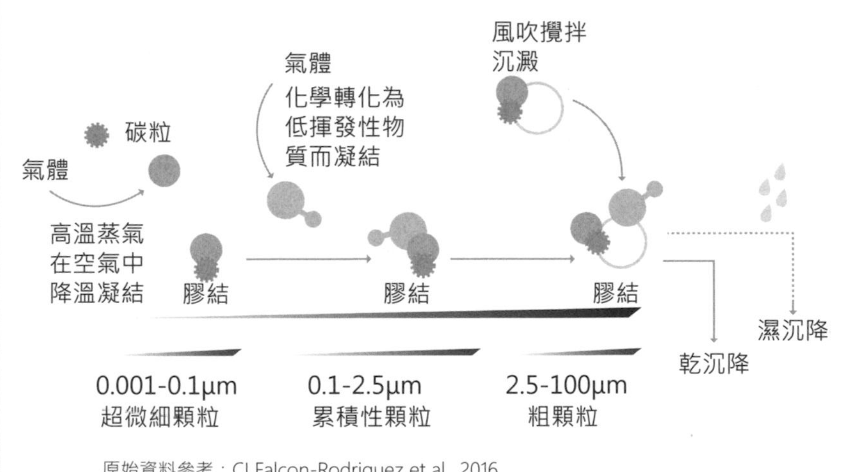

原始資料參考：CI Falcon-Rodriguez et al., 2016

註：微米=μm= 10^{-6}m

舉例來說，有時候早上出門空氣很乾淨，接近中午時突然變得霧茫茫，這時候可能是早上通勤時汽機車的污染物，因為擴散作用隨風飄散後，而又經過太陽光照射產生氧化反應，就會讓氣體污染物發生變化，形成了衍生性固體或液體的 $PM_{2.5}$ 懸浮在空氣中的緣故。

由於衍生性 $PM_{2.5}$ 形成後，要成長至可沉降到地面的大小，需要一定的時間，若污染源頭還持續排放著二氧化氮（NO_2）、二氧化硫（SO_2）、揮發性有機化合物（VOCs）等污染物，空氣中的衍生性 $PM_{2.5}$ 可能會越來越多，形成更多且成分更複雜的 $PM_{2.5}$。

---

❶ 乾沉降定義 (Prabhat K. Rai et al., 2016)
Prabhat K. Rai, Chapter Four - Management Approaches of Particulate Matter: Existing Technologies and Advantages of Biomagnetic Monitoring Methodology, In Biomagnetic Monitoring of Particulate Matter, Elsevier, 2016, Pages 55-73.

❷ 濕沉降定義 (Jonathan L. Barber et al., 2004)
Jonathan L. Barber, Gareth O. Thomas, Gerhard Kerstiens, Kevin C. Jones,Current issues and uncertainties in the measurement and modelling of air - vegetation exchange and within-plant processing of POPs, Environmental Pollution, Volume 128, Issues 1 - 2,2004,Pages 99-138,

燃燒行為是 PM2.5 的重要來源

PM2.5 最大來源是人為燃燒

只要有燃燒發生，一定伴隨著 PM2.5 的產生。不管是自然的森林大火、火山爆發，或是人為的露天燃燒、抽菸、汽機車排放等都可能是 PM2.5 的來源。

在台灣，大部分 PM2.5 的產生都與「燃燒」直接相關，當我們使用燃料的時候，不論現場有沒有看到煙霧產生，都會直接或間接的排放 PM2.5。

火力發電是重要的 PM2.5 排放來源

電力支撐著現代生活，電力業中火力發電用燃燒釋放熱能供應著電能，根據二〇一六年統計顯示火力發電已占全台灣發電量的八十二%❶。

而火力發電無論燃煤或天然氣，都會產生 PM2.5，每個電力使用者都會促成燃料使用增加，只是 PM2.5 排放的地方不在我們住家附近而已。

重工業排放衍生性 PM2.5 前驅物

工廠一直是各界關注的 PM2.5 來源，距離在排放源附近的地方，有時濃度甚至可高達數千微克，與ＡＱＩ「紅色」相比，高逾數十或數百倍。

$PM_{2.5}$主要來自燃燒行為

汽機車排放。

室內的燃燒行為，如：烹飪、抽菸。

火力發電。

焚香、燒金紙、露天燃燒。

石化業、鋼鐵業、水泥業等，向來都是台灣$PM_{2.5}$的主要來源之一。工廠排放$PM_{2.5}$不只量比較大之外，也經常伴隨著排放會產生衍生性$PM_{2.5}$的氣體污染物。

然而，$PM_{2.5}$危害最深的地方未必是工廠周遭地區，反而因為衍生性$PM_{2.5}$產生，以及擴散作用，使得深受其害的往往會是數公里外沒有工廠的小鎮或社區。

汽機車排放不容忽視

我們每日通勤、假日出遊駕駛或搭乘的汽機車，絕大多數需要依賴汽油燃燒來驅動引擎，這些都是$PM_{2.5}$的主要來源。尤其像大型汽車、貨車、公車、機車等引擎的排氣管，接近我們呼吸的高度，這種「鼻前污染濃度」會頓時讓人暴露在高濃度的$PM_{2.5}$之中。

有鑑於站在路邊等公車的乘客、汽機車騎士等常會吸到位於公車右後方排氣管所排出來的廢氣，隨著我國汰換老舊之高污染車輛、交通運具逐漸電動化、及擴增公共運輸，可望從源頭減少這些鼻前污染濃度之貢獻來源。而中央研究院環境變遷研究中心研究員龍世俊也倡議❷，如果能夠改變排氣管位置，並改搭乘大眾交通，對大眾暴露廢氣的風險可能有幫助。

另外，還有一種情況也對健康傷害很大，就是綠燈起步時，常見一團嗆人煙霧籠罩停止線前後的機車騎士，這些煙霧有許多來自舊二行程機車的燃燒效率不佳，導致汽油燃燒不完全而排出的高濃度 PM2.5。

根據行政院環境保護署檢測，發現二行程機車排出的煙霧中，PM2.5 濃度可以高達一千五百微克／立方公尺（四行程機車平均值為二十五微克／立方公尺）❸。除了 PM2.5 本身就有致癌性以外，還因為這些煙霧成分含有毒性的污染物，也會對人體造成傷害。

焚香、抽菸等源頭濃度不亞於森林火災

即使是如焚香、抽菸這樣小規模燃燒，在接近源頭的地方，PM2.5 濃度還是很高的，因此不能小看近距離吸進體內的一手菸或二、三手菸的毒害。

不過，規模大小不同的燃燒，排出 PM2.5 後所需要的擴散空間卻差異很大。舉例來說，抽菸時的二手菸，PM2.5 濃度可以超過一萬微克／立方公尺❹，但在寬闊的空間只要離吸菸者一定距離，菸味就會變淡；相對的，一片森林火災，可能綿延幾公里的空氣都變得其糟無比。

這中間的差異就是在於排放量，二手菸

PM2.5濃度雖高，但一口菸的排氣量也不過五百立方公分，與森林大火的排氣量比是小巫見大巫。

不要讓自己成為PM2.5的製造者

燃燒是人們自石器時代以來最重要的一項技術，但到了現代，卻成為了PM2.5污染的首要元凶。大自然的森林火災，或許我們難以掌握，但是工廠燃燒排放等人為的PM2.5，就可以透過減污技術、設備，以及法規要求來管制。

不論如何，自己產生的PM2.5，永遠是自己吸得最多，當我們透過選擇用大眾運輸通勤、設法戒菸、做菜多用蒸煮等方式，減少生活周邊產生PM2.5的行為，以及遠離他人燃燒的排放源，這些都是個人可以做到的。

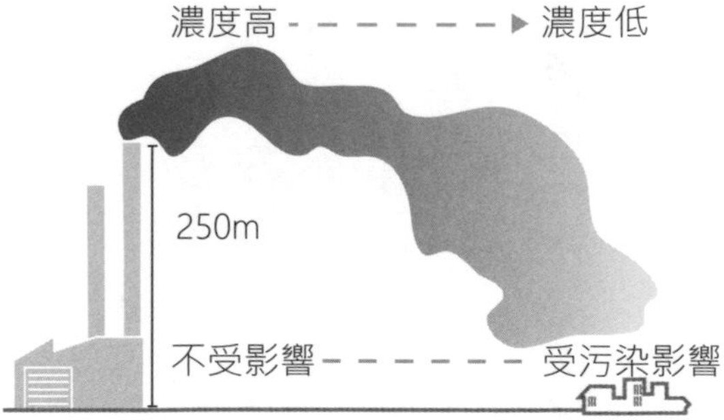

擴散時排放源濃度最高，距離越遠濃度越低，但因煙囪高，煙流需經一段時間的擴散才會「落地」，對人體造成影響。因此工廠才會對一段距離外的地區造成較大影響。

❶ 經濟部「產業經濟統計簡訊」。

❷ 自由時報「減少等公車『鼻前污染濃度』，學者提議：改排氣管位置」 https://goo.gl/y6V4we

❸ 自由時報「二行程機車 PM2.5 排放達量，比四行程高60倍」 https://goo.gl/HvYR7H

❹ 行政院環境保護署「認識細懸浮微粒」。

大自然生成的 $PM_{2.5}$ 難以預防

風吹起的沙塵微粒，對生命財產造成危害

大自然生成的 $PM_{2.5}$，有一小部分來自沙塵，而通常沙塵中占最大量的是 PM_{10}。在冬天時，中國西北方的沙漠若未下雨或降雪，裸露在外的黃沙在強風時產生沙塵數量驚人，造成可怕的沙塵暴，對當地人生命財產造成危害。

沙塵暴的影響不只在中國境內，也會影響到韓國、日本、台灣、菲律賓，甚至有可能使夏威夷的空氣變差。然而，台灣中南部地區也有沙塵問題。冬季因為降雨減少，溪流缺水導致河床裸露、缺乏植被，若遇到強風吹襲，大量揚塵就會飛到鄰近的都市，造成短時間懸浮微粒驟升、空氣品質惡化的情形。

尤其在彰化、雲林交界的濁水溪，以及台東的卑南溪等處，因裸露河床的沙質較細，年年遭受強風帶來空氣品質惡化之苦。相同的情況發生在台東時，可能只是偶爾戴個口罩，門窗緊閉就可以解決，但對於濁水溪流域的彰化、雲林來說，卻是會讓冬季的空氣品質變得更糟。

海洋飛沫短短幾秒就能形成微小鹽粒

海洋飛沫是海水乾燥而產生的 PM_{10} 及一

濁水溪河岸揚塵。

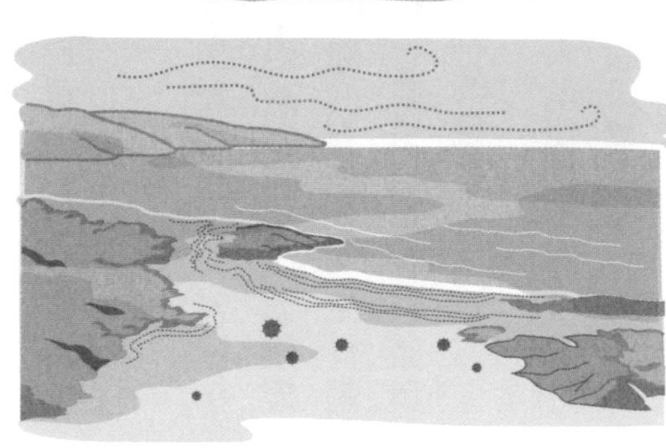

墾丁風吹砂。

部分 PM2.5，因為海水含有高濃度的鹽分，在水分乾燥的時候就會形成固體的結晶，原理就跟日曬鹽田是一樣的道理。

海水曬乾成鹽通常需要持續很長的時間，但那是引進大量海水的情況。一般海浪拍打濺起的水珠很小，就像是噴霧器噴出細小的水滴，甚至更細，在濺起到落回海面前，那短短的幾秒鐘內水分被蒸發成微小的鹽粒，隨著海風吹到沙灘上每個人的身上。這也是為什麼只要到海邊遊玩，即使完全沒有到海裡游泳，頭髮也都會感覺黏黏的。

森林火災的黑煙會釋放致癌物

台灣在中海拔地區長有許多易燃的植物，例如台灣二葉松及五節芒，這些植物由於落葉中含有油脂❶，每隔幾年落葉堆積成一片地毯，若天氣乾燥產生靜電，或是有人亂丟菸蒂，就可能引發森林大火。台灣每年在冬初至春末這段時間，由於氣候乾燥比較容易發生森林火災。

森林火災燃燒時會產生大量煙霧，若身在火場附近可能連呼吸都會有困難。因為燃燒的木柴本身也是屬於複雜的有機物，使得煙霧的成分除了碳以外，也有可能伴隨著戴奧辛、多環芳香烴等致癌物的釋放。

台灣雖然有火山，但大屯火山爆發已是五至六千年前的事了，不過台灣周遭的印尼、日本等國家都有許多活火山的活動紀錄，因此也需要特別注意火山爆發所引起的空氣品質不良狀況。

火山爆發的粉塵可影響數百公里遠

火山灰的噴發可影響周遭數百平方公里的範圍，持續時間可長達數天，例如冰島的埃亞菲亞德拉火山（Eyjafjallajokull）在二〇一〇年爆發❷，除火山灰造成歐洲多國機場關閉之外，由於含有高濃度的二氧化硫，也造成周圍城市的空氣品質惡化❸。

自然界中除了海洋飛沫之外，其他如森林火災、火山爆發、沙塵暴等，都是屬於會嚴重影響空氣品質的事件，發生的時間點很難掌控。

然而，仍有些情況是可以透過平時的預防與監控來達到預警或減量，例如河川揚塵問題，可以藉由加強河川上游的水土保持，減

自然界的 PM2.5 不可不知

火山爆發粉塵。

海浪浪花。

沙漠沙塵。

森林大火黑煙。

少河川攜帶的泥沙量，及未來可能的揚塵產生量；短期方式則可透過水梯田、種植防風植栽、鋪設稻草等方法覆蓋河床，避免強風直接吹到河床，來達到治標效果。

雖無法預測，但可以事前採取防範措施

對於自然來源的空氣污染而言，預防措施不易得到立竿見影的效果，必須有長期策略才可以減少事件發生的頻率及嚴重性。

像是英國倫敦，自一九五二年的煙霧事件以來，便積極著力於治理空氣，從最初的制定法規、遷出工廠，到移動污染源的排放標準管制、油料改善等。但是，即使倫敦做了這麼多的努力，卻仍在二〇一七年一月二十三日這天，因為移動污染源、柴薪暖爐，以及冷氣團的影響下，出現比中國北京還嚴

河川揚塵成因

河川揚塵成因包括自然因素及人為破壞，尤其汛期後，高灘地種植西瓜等作物，進行整地，破壞植被，更易發生揚塵。

自然因素

- 地形、地質年輕脆弱
- 流域特性
- 氣候變遷
- 河床變動、河道改變
- 東北季風吹拂

人為因素

- 水資源調配
- 集水區管理
- 整地種植西瓜等
- 噴灑農藥抑制野草生長
- 保安林解編

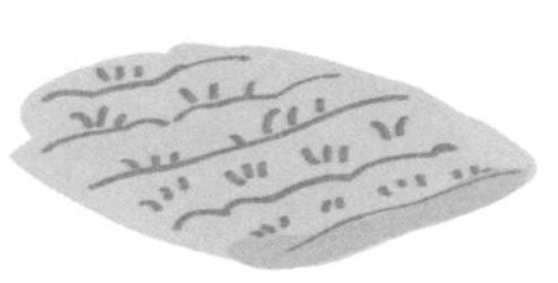

重的 $PM_{2.5}$ 污染。根據紀錄，當時 $PM_{2.5}$ 的濃度，曾一度高達一百九十七微克／立方公尺，毒害全體市民的健康❹。

還有，美國洛杉磯自一九四〇年煙霧事件發生後，便關閉了許多境內的工廠，但仍舊無法改善空氣污染的問題。直到一九六六年，訂定汽機車排放標準，並發展針對汽機車排放的控制技術後，才漸漸改善空氣污染的狀況。只是近年來，洛杉磯人口不斷的增加，人們因過度仰賴汽車，使得洛杉磯仍然成為美國空氣品質最糟的地區❺。

---

❶ 農委會林務局 https://goo.gl/fSYEDG
❷ 科學月刊 https://goo.gl/onPg5w
❸ 環境資訊中心 https://goo.gl/SWLNkN
❹ 英國每日電訊報 https://goo.gl/DpPoay
❺ 美國加州空氣資源局 https://ww2.arb.ca.gov/about/history

境外千里而來的 $PM_{2.5}$

冬季的境外污染源主要來自中國

東北季風吹來，除了宣告冬天的到來，也代表著空污季節來臨，一方面是因為東北季風容易受到中央山脈的阻擋，而使背風面的中南部地區空氣流動受阻，空氣污染物容易累積；另一方面，東北季風也帶來境外的 $PM_{2.5}$。

根據雲林科技大學張艮輝教授等人的研究[1]，台灣冬季約有三分之一的空氣污染來自台灣境外，而這些境外污染中有八十九%來自中國。

過去東北季風帶來的境外 $PM_{2.5}$，最常出現的是蒙古沙塵暴，但隨著中國北方工業發展，價格便宜的煤炭成為最主要的燃料，加上禁騎機車政策之後，大幅成長的汽車使得中國北方的霧霾越趨嚴重，東北季風盛行時也將這股髒空氣吹來台灣。

中國吹來的髒空氣，毒性變得更強

一樣是 $PM_{2.5}$，中國霧霾與蒙古沙塵暴的濃度卻高出許多。即使在抵達台灣前已在空氣中移動了很長的距離，依然對台灣的空氣品質造成很重大的影響。

不同季節的中國 PM2.5 影響

冬 台灣冬季吹東北季風，境外沙塵飄向台灣，導致境外 PM2.5 影響加劇。

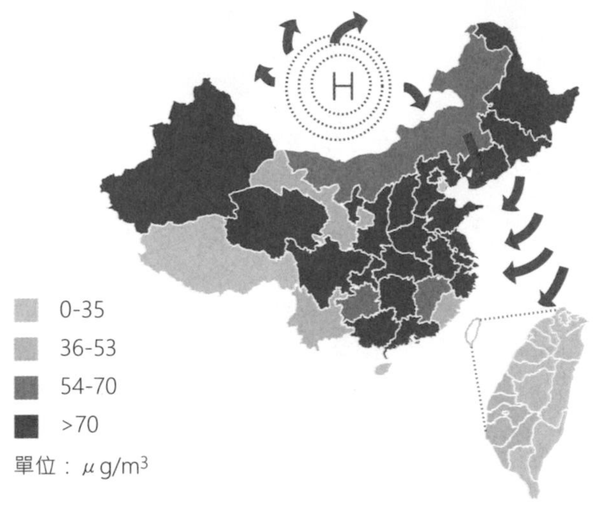

夏 台灣夏季吹西南季風，境外 PM2.5 影響較小，主要來自境內。

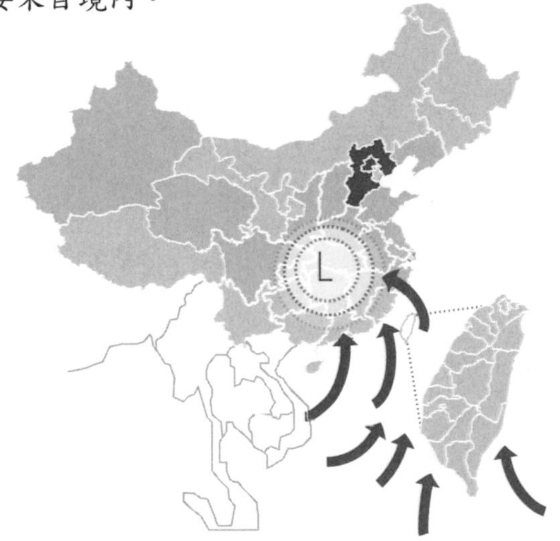

資料來源：行政院環境保護署

2017 年年底 PM2.5 達黑色等級

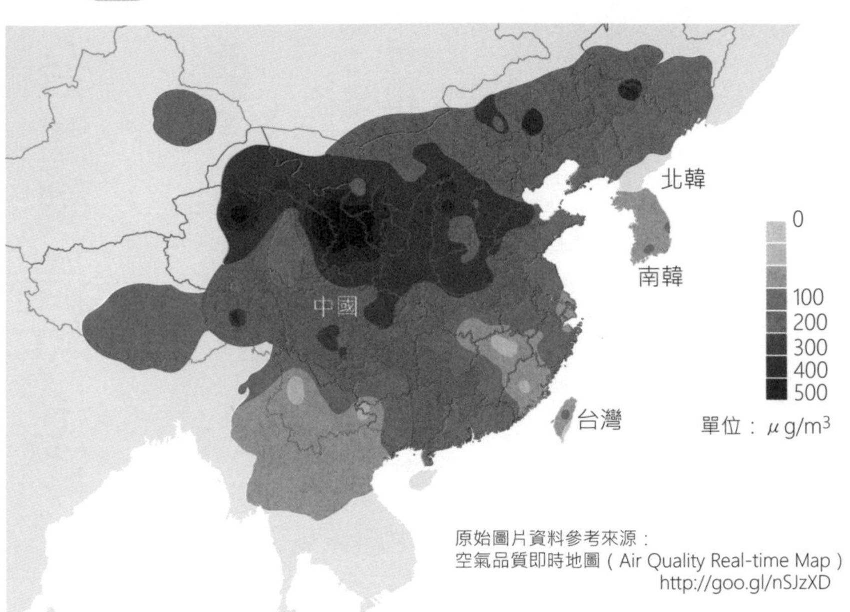

這些污染物都是容易混合或被吸附在PM2.5 的表面，或是反應成其他的污染物質，使得這些 PM2.5 來到台灣之後，可能毒性比在中國本地時更強。

日、韓、東南亞威脅較小

除此之外，日本以及韓國產生的空氣污染也會隨著東北季風來到台灣，但貢獻的空氣污染量都遠小於中國。

至於台灣夏季，一樣也會有來自境外的空氣污染，主要是東南亞國家燃燒木頭、椰子殼等生質物產生的 PM2.5。但由於夏天時降雨比較多，且空氣對流較旺盛，讓這些境外污染不如冬天的明顯。

❶ 行政院環境保護署委託研究「強化空氣品質模式制度建立計畫」

台灣製造的 PM2.5 來源三足鼎立

PM2.5 來源涵蓋食衣住行

在台灣，三分之二的 PM2.5 在境內產生（見左頁圖）。而這三分之二的 PM2.5 當中，有一部分屬於衍生性 PM2.5，而大部分為原生性 PM2.5。

如果我們簡單依照產生的來源來分，主要大約可歸類為交通運輸、工業、營建、農業、餐飲業、日常生活。

根據行政院環境保護署委託成功大學吳義林教授及雲林科技大學張艮輝教授的成果計算得出的研究結果，顯示台灣境內產生的 PM2.5 中，汽機車占三十至三十七%、工業占二十七至三十一%，而營建工程、農業、以及其他的日常行為共占三十二%至四十三%❶（見左頁圖）。

從「台灣境內 PM2.5 來源分析」（見第七十七頁）中可以看到，台灣在二〇一二年 PM2.5 的總排放量為七萬七千一百八十二噸／年，重要 PM2.5 來源有九個，依照排放量排名依序為陸上運輸業、家庭、製造業、裸露地表風蝕、農林漁牧業、營造業、住宿及餐飲業、礦業及土石採取業、電力及燃氣供應業。

這也顯示空氣污染不是單一「誰」的責任，而是我們每一個人的日常生活都是直接或間接造成 PM2.5 產生的推手。

全台灣 PM2.5 比例

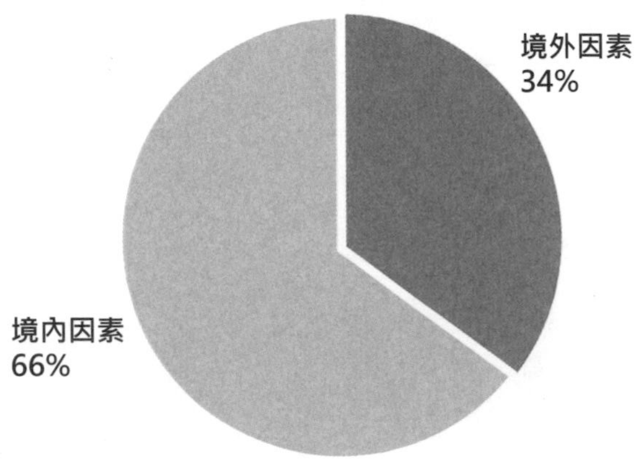

資料來源：張艮輝，強化空氣品質模式制度建立計畫(第二年)，2017

台灣境內 PM2.5 比例

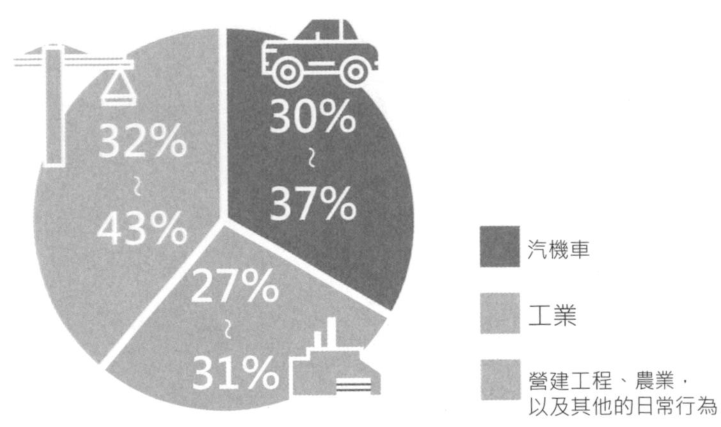

資料來源：吳義林，臺灣細懸浮微粒(PM2.5)成分與形成速率分析計畫，2015
張艮輝，強化空氣品質模式制度建立計畫(第二年)，2017

交通運輸排放的 $PM_{2.5}$，與使用燃料有關

交通運輸產生的 $PM_{2.5}$，主要是燃燒化石燃料推動引擎時造成的。交通工具的污染與使用何種燃料有很大的關聯，若使用到含有雜質過多的劣質燃料，很有可能就會排出含有重金屬及毒性物質的廢氣。

較新型汽機車多半使用配合先進引擎設計之無鉛汽油為燃料，易於妥善燃燒，排放廢氣成份相對單純。二行程機車受限於引擎設計，排放可觀之氣狀污染物及 $PM_{2.5}$。大型老舊柴油車輛受限於早期之引擎技術，若未裝置濾煙器，往往排放較多 $PM_{2.5}$。

工業排放的 $PM_{2.5}$，依製程而異

工業所排出的 $PM_{2.5}$ 可大致分為「燃燒過程」及「燃燒以外製程」排放兩種來源。

鍋爐其實是一種用來將水加熱以產生蒸氣的設備，許多工業都會使用鍋爐來進行發電、獲取熱能。鍋爐加熱所使用的燃料，就會在燃燒時造成污染，而不同的燃料與燃燒方式也會有不同的 $PM_{2.5}$ 產生。

至於製程中排放的 $PM_{2.5}$，則隨著不同工業特性而有所不同，但防制空氣污染的關鍵因素，在於源頭減量、製程優化、正確設置及運作空氣污染防制設備。

營建工地的 $PM_{2.5}$，出現在人口密集區

營建工地排放的 PM_{10} 及一部分 $PM_{2.5}$，主要來自工地施工行為及施工期間裸露在外的土地，如果沒有覆蓋或灑水，只要卡車一進入工地，或是風吹過，就會揚起大量沙塵，一方面影響工人健康，另一方面也有可能影響鄰近的人行道及住宅區。

台灣境內 PM2.5 來源分析

陸上運輸業
13,615公噸/年

營造業
5,430公噸/年

家庭
13,222公噸/年

住宿及餐飲業
4,933公噸/年

製造業
12,062公噸/年

礦業及土石採集業
4,522公噸/年

裸露地表風蝕
10,533公噸/年

電力及燃氣供應業
2,982公噸/年

農林漁牧業
8,515公噸/年

資料來源；行政院環境保護署 TEDS9.0 版

農業廢棄物焚燒的 PM2.5，影響空氣品質

農民在耕作時，稻穀收割會剩下大量的稻草，果農平常也會需要割雜草、剪枝葉，這些都會產出不少農業廢棄物。由於有些農民以稻稈枝葉燃燒後的草木灰做肥料，改良土壤，再加上可省下運送、處理廢棄物的麻煩，因此以往會有許多農民選擇一把火將廢棄物燒掉。

但露天焚燒就會造成周遭空氣的嚴重惡化，讓下風處的居民苦不堪言（詳見第六十二頁）。

餐飲業油煙的 PM2.5，深入住商社區

餐飲業造成的污染量雖然不大，但影響我們卻很深。尤其現代人外食越來越頻繁，街道巷弄各式餐廳、小吃店林立，再加上夜市大多為露天，使得餐飲油煙變得無所不在，許多人享受美食之餘，也吸進了不少 PM2.5。

餐飲業產生的 PM2.5 主要是油煙，而炸、炒、煎等正是最容易產生大量油煙的烹煮方式，尤其廚師自己更容易吸到。

而店家若是沒有有效集氣，並裝設靜電除油機或過濾網及活性碳網，抽油煙機也只將油煙抽排到屋外，不僅傷了品嚐美食的消費者，同時也破壞鄰里關係。

❶ 行政院環境保護署「二〇一七年四月十三日空氣污染防制策略報告」。

PM2.5 小百科

台灣各縣市的 PM2.5 來源差異

根據行政院環境保護署空氣污染排放量查詢系統的資料，可看出各縣市的排放總量及污染源種類差異很大（最新數據為二〇一三年）。

高雄市的 PM2.5 排放總量最大，主要來源是包含鋼鐵、石化工業等製造業；桃園市由於工業種類繁多使得 PM2.5 來源分散，沒有明顯的主要來源；新北市的部分則是以家庭為主要污染來源；而花蓮則是因為有許多水泥礦場產生大量的 PM2.5。

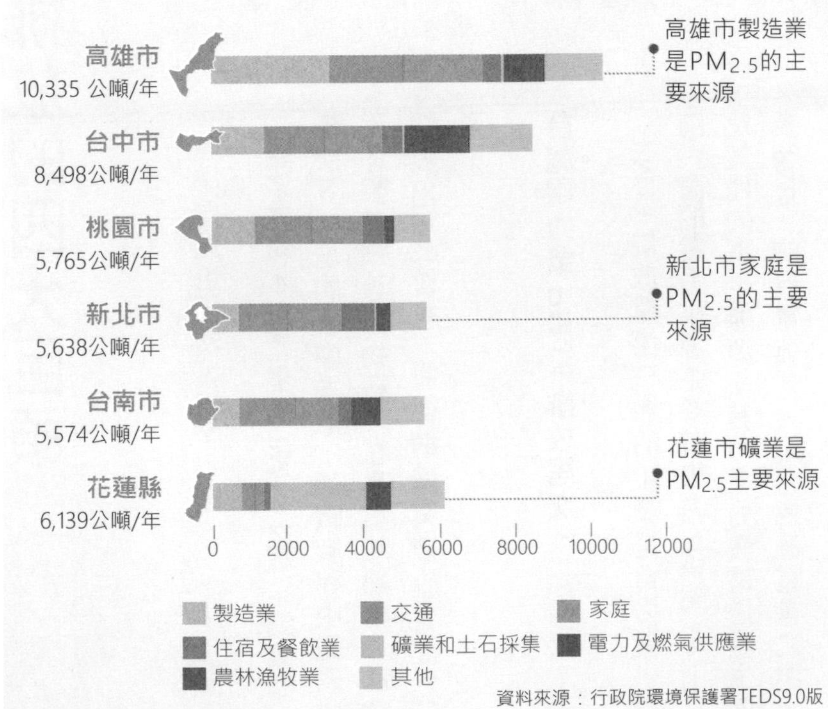

資料來源：行政院環境保護署TEDS9.0版

台灣工業 PM2.5 排放的四大巨頭

工業一直都是台灣主要的空氣污染來源之一，其中火力發電、鋼鐵業、石化業（化學材料製造業）以及水泥業更是工業中原生性 PM2.5 的前四大主要來源❶。

鋼鐵業 PM2.5 排放名列第一

鋼鐵業是台灣所有工業中，產出原生性 PM2.5 最多的產業。以高雄中鋼一貫作業煉鋼為例，幾乎所有的製程都需在高溫下進行，會需要將鐵礦加熱到最高一千三百℃的高溫，因而必須燃燒非常多的燃料，每年光煤碳就需要消耗約一千萬公噸，此外還會使用到燃油、天然氣等燃料。因此，產生的 PM2.5 自然也相當可觀。

除了燃料本身產生的 PM2.5 之外，鐵礦砂、煤炭等料堆的揚塵逸散、煉鋼製程中鐵礦、添加製渣劑等原物料，在高溫加熱時也都會釋放出 PM2.5 ❷，使得鋼鐵業排放 PM2.5 最多。

台灣電力業 PM2.5 排放居次

PM2.5 排放量第二名的工業是電力業，目前台灣的電力來源主要有火力、核能、水力，及其他的再生能源；其中火力發電是產生最多 PM2.5 的發電方式。全台總發電量之中，

造成 PM2.5 排放的主要工業類別

鋼鐵業。

火力發電。

化學材料製造業。

水泥業。

火力發電占了約八成❸，是目前台灣最重要的電力來源，而火力發電排放的 PM2.5，占全台所有排放源的三・八五%。

火力發電是先燃燒燃料產生熱能，再轉換為電力，一般使用的燃料可大約分為煤炭、重油，以及天然氣三種。

台灣最大的火力發電廠是台中火力發電廠，十部機組之燃煤許可總量原本為每年兩千一百萬公噸，是中部地區相當大的空氣污染來源。

根據行政院環境保護署的資料顯示，台中火力發電廠的原生性及衍生性 PM2.5 排放總量約占台中市整體排放量的十四・五%❹，全國的一・六%。

為減少燃煤造成的空氣污染對中部地區民

眾的健康影響，台中火力發電廠燃煤許可量於二〇一七年減為每年一千六百萬公噸。

石化業 PM2.5 排放量緊追在後

占總排放量第三名的是化學材料製造業（主要為石化業），這個產業包含會運用到大量化學材料的人造纖維、橡膠、合成樹脂、塑膠等相關產業。

這些產業在合成這些物質的過程中，需要合適的化學反應環境，因此鍋爐可說是必備設施，自然也就成了 PM2.5 污染的來源。

台灣的大型石化廠中，論規模首推雲林的台塑麥寮廠，以及中油設在高雄的各廠區。除鍋爐以外，石化廠在加工過程中，時常使用有機化合物，若揮發到空氣中，非常容易成為揮發性有機化合物（簡稱 VOCs），而 VOCs 在空氣中就有機會成為衍生性 PM2.5，這也是石化廠產生 PM2.5 的主要原因之一。

水泥業原生性 PM2.5 排放值得重視

水泥業排放量與石化業相近，製程從挖礦、生料研磨、熟料燒成、水泥研磨到包裝，每一個步驟都有可能排出 PM10 及一部分 PM2.5。

台灣最大的礦場就在花蓮，礦場開發時，因整個廣大的面積都是裸露在外，細碎的石灰石沙粒很容易就隨風飄到附近的部落，讓當地每天都有擦不完的灰塵。依 TEDS 9.0 之排放量推估結果觀察，以花蓮而言，光是

PM2.5 小百科

燒煤炭好？還是燒天然氣好？

火力發電的 PM2.5 貢獻量極高。已有許多研究顯示，若以原生性 PM2.5 而言，當火力發電廠以煤炭為燃料所產生的 PM2.5 量最多，重油次之，而天然氣排出的原生性 PM2.5 是三者中最少的。

不過，如果不考慮其他因素，由於天然氣中不會含有重金屬成分及硫成分。一般還是認為以天然氣發電對空氣品質的影響較燃煤為佳。

火力發電廠使用不同燃料的原生性 PM2.5 排放量占比

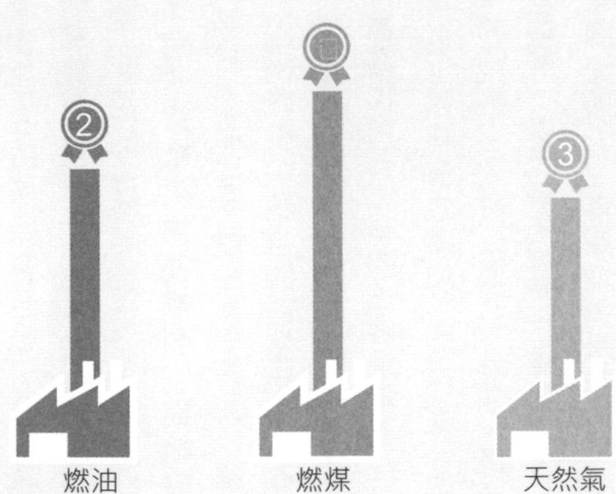

礦場受風吹襲揚起的 PM_{10} 及 $PM_{2.5}$，就占了全縣排放量的三十七%。

此外，磨好的生料細粉進入水泥窯，需要加熱到一千四百五十℃至一千五百℃，才能讓石灰石反應成可用的水泥，加熱大多使用生煤、重油等石化燃料，整個過程中也會排出可觀的 $PM_{2.5}$。

近年來，有些水泥廠會申請使用民生廢棄物及事業廢棄物作為燃料，以減少燃料的成本。

然而，當使用不同燃料的時候，$PM_{2.5}$ 的排放量會和以往不同，也會有其他不同的污染物質伴隨而生，排出之後有可能吸附在 $PM_{2.5}$ 上而增加毒性。利與弊之間的權衡，要步步為營，更需要政府嚴格把關。

$PM_{2.5}$ 小百科

替代化石燃料的新能源：廢棄物衍生燃料

當廢棄物已經透過回收分類、分選挑出有價值的物質重新加工，剩下難以用物理方法重新加工利用的有機廢棄物（如：木屑、衛生紙）有些會拿來做為燃料，稱為廢棄物衍生燃料（Refuse Derived Fuel，簡稱 RDF），以回收其中蘊含的能量用來加熱鍋爐發電、供應蒸氣等，一方面處理廢棄物，同時也作為替代化石燃料的一個選項。

廢棄物衍生燃料會依照加工的程度來做分類，廢棄物的加工包含：破碎、分類、研磨、壓縮、熱裂解，以及氣化等共六種加工方式。

越高程度的加工，會使燃燒廢棄物的能量越高，並且降低不可燃及有毒的雜質減少空氣污染。若加工到 RDF-7 的等級，產出的氣體燃料甚至已可取代天然氣。

水泥製程

製造水泥的過程中，會排出非常可觀的 PM2.5。

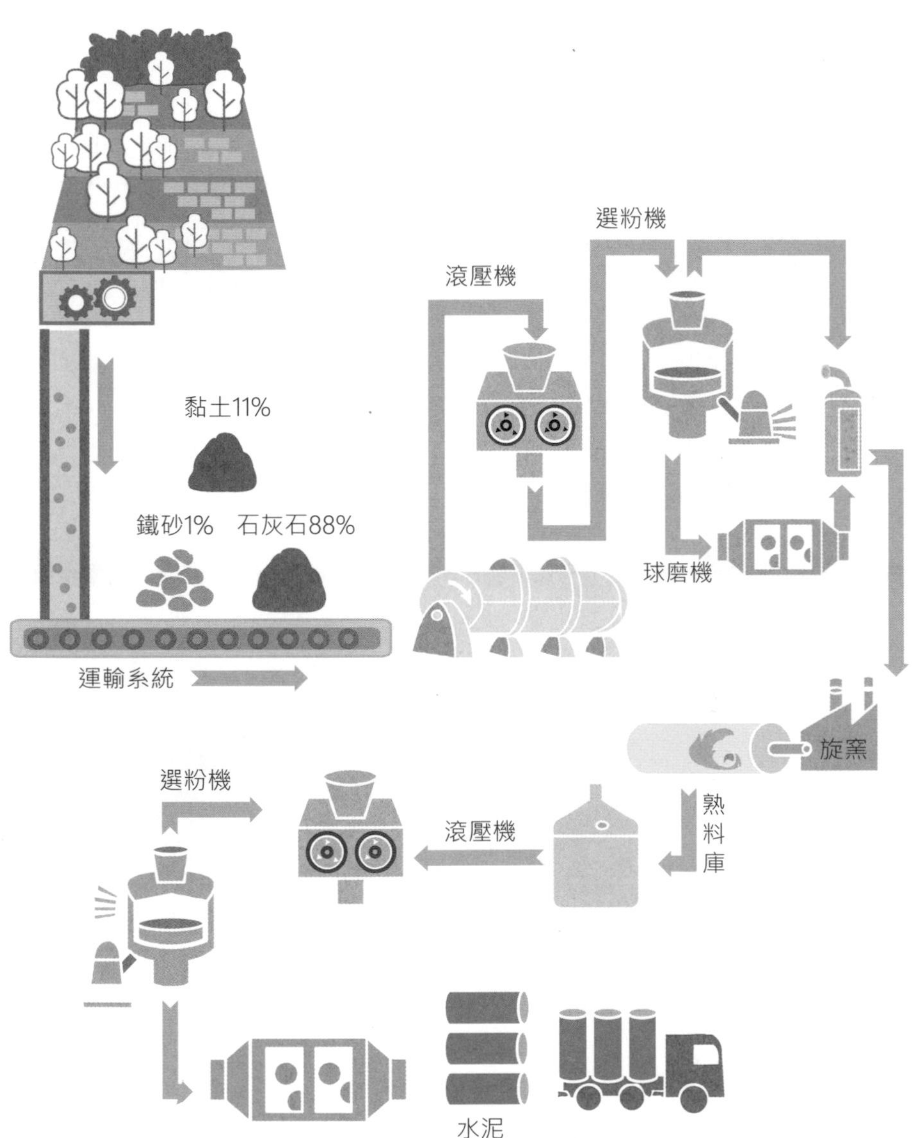

廢棄物衍生燃料

類別	定義	舉例（以稻殼為例）
RDF-1	固態廢棄物直接作為燃料，但不包含大型廢棄物	將稻殼直接投入鍋爐燃燒
RDF-2	固態廢棄物破碎加工成為粗顆粒	將稻殼破碎成較小的顆粒再燃燒
RDF-3	固態廢棄物經過進一步破碎、去除多數的不可燃成分（金屬、玻璃等）	挑出混入稻殼中堆中的砂石、金屬，並破碎的更細
RDF-4	可燃廢棄物成分處理成粉狀	將稻殼研磨成粉狀
RDF-5	可燃廢棄物成分壓縮成錠狀	將粉狀的稻殼以模具壓成燃料碇或燃料棒
RDF-6	可燃廢棄物成分加工成液態燃料	稻殼經500℃左右高溫裂解產出生質燃油
RDF-7	可燃廢棄物成分加工成氣態燃料	稻殼經800℃以上高溫氣化產生可燃氣體

資料來源：萬皓鵬、李宏台，《科學發展期刊》，「廢棄物衍生燃料的使用」，450期，2010年

❶ 行政院環境保護署「空氣污染排放量查詢系統（TEDS 9.0）」。

❷ 陳文德碩士論文「貫作業煉鋼廠製程管道排放細懸浮微粒化學特徵分析」。

❸ 經濟部統計處。

❹ 行政院環境保護署「空氣污染排放查詢系統」。

市區施工污染也有 PM2.5

市區雖然工廠較少，卻常見到建築工地施工，以及管線、道路工程等開挖。雖然會有圍籬或帆布阻隔，然而工地裸露，一台台砂石車進出時，還是會留下嗆人沙塵，而這些粉塵中也都有一定比例的 PM2.5。

營建工程的 PM2.5，政府出面把關

營建工地產生的 PM10 及 PM2.5 多寡，與地面裸露、堆置沙土，以及施工車輛進出的每個環節都有直接的關係。

目前國內依照施工規模把營建分為兩級，無論哪一級，都必須在工地內設法抑制粉塵，從最基本的灑水、到植生綠化，蓋防塵布（帆布）或防塵網，有些甚至會把工地的地面鋪設鋼板，或先鋪設一層瀝青或混凝土，這些都是為了減少污染逸散。

另外，在車輛離開工地時，還需要以水洗車體和輪胎、砂石車斗必須覆蓋防塵網、工地四周應該設圍籬阻擋、施工機具使用的柴油以及建築體，應包覆防塵網等❶。

這一系列的措施想讓業者願意遵守，主要還是「訴之以利」。營建工程開始之前，必須先估算工地可能排放的空氣污染總量，並向各地環保局繳交一筆營建空污費。若願意

營建工地污染管制

1 鋪設防塵網及防塵布

營建工程屬第一級營建工地防制面積應達80%、第二級需達50%的鋪設

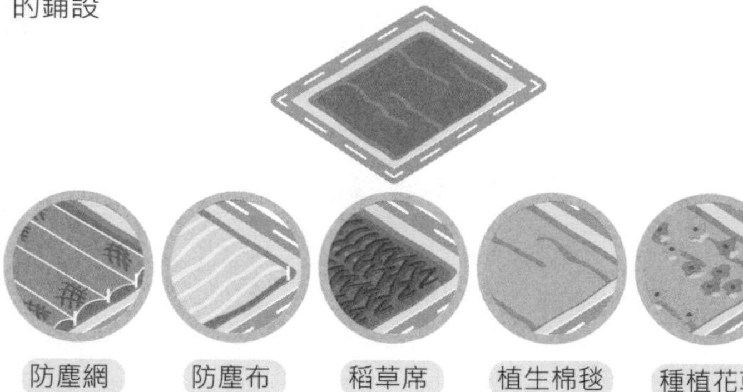

2 工地周界注意事項

全阻隔式的圍籬如果位於道路轉角處或是轉彎處前10公尺，容易造成視野死角，需改設置為半阻隔式圍籬。

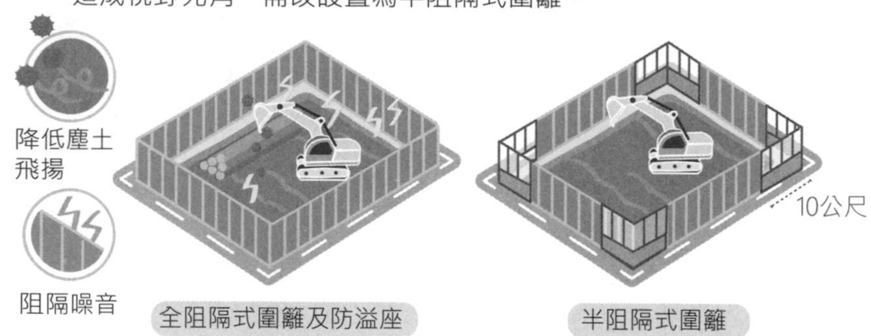

3 紐澤西護欄緊密相連

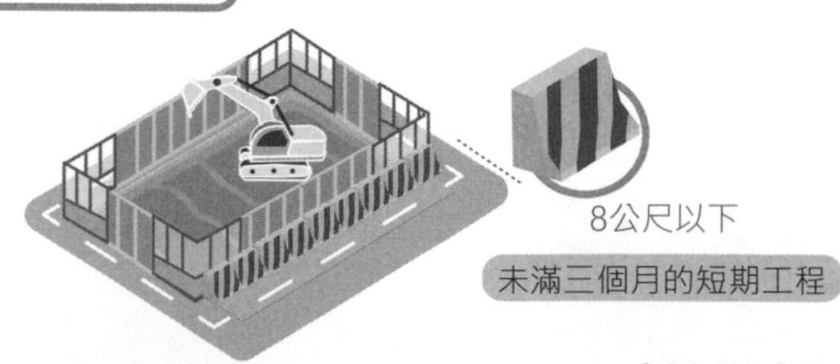

採行越多、越嚴謹的減污措施，就可能讓污染總量降得更低，一般而言，與投入防制污染逸散的措施的成本相比，可以節省更多的空污費，也比較能吸引業者願意遵守。

不過，營建工地產生的懸浮微粒，多是原生性且顆粒相對較大，以懸浮微粒（TSP）及 PM_{10} 為主。因此 $PM_{2.5}$ 的比例是比較小的，所以出門時戴個口罩過濾空氣，並快步通過營建工地的圍籬，就可以減少吸入量了。

一般都市內的營建工地雖然影響的範圍比較小，很少會影響到周圍其他縣市。但若是大規模的道路建設，或是購物中心施工，住在附近的居民就得忍受幾年的 $PM_{2.5}$ 和擦不乾淨的窗戶。

❶ 行政院環境保護署 https://goo.gl/w7RM31

營建工程需在工地做防塵布、防塵網或植生綠化等防制工作。

汽機車和船舶製造的 PM2.5 聚少成多

雖然和工廠相比，每輛汽機車所排出的污染量都不高，但都市中有太多的交通工具行駛穿梭於街頭巷尾，根據交通部統計，全台有超過二千萬輛的汽機車，數量非常龐大❶。

台灣的車輛主要使用汽油、柴油作為燃料，而根據使用的方式又可細分為機車、小客車、以及貨車。在數量如此龐大的汽機車中，其實並不是每一種車的 PM2.5 排放都能等同視之。

在眾多交通運輸工具之中的 PM2.5 排放量，依據行政院環境保護署的分析，柴油大貨車是所有交通工具中排放最多 PM2.5 的，依序則是汽油小客車、機車以及船舶。

柴油大貨車為移動污染源空污排放榜首

在二〇一七年，全台柴油大貨車的數量僅約十七萬輛，但排放出的 PM2.5 卻比全台近七百萬輛小客車的排放總和還要多出一倍❷。這是因為柴油內含雜質及柴油引擎運作原理造成的。

其中又以老舊的第一、二期（一九九九年六月三十日前出廠）柴油大貨車最為嚴重，因此被列為優先汰換的車輛。

汽車、機車、船舶排放 $PM_{2.5}$ 的比例

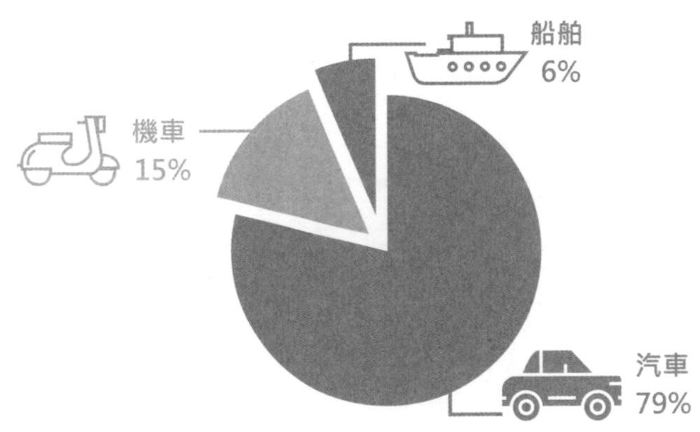

資料來源：行政院環境保護署TEDS9.0版

汽油小客車眾多，排放量位居第二

台灣汽油小客車數量龐大，$PM_{2.5}$ 總排放量僅次於柴油大貨車。但是，汽車引擎的排氣管前通常會設置濾煙器、觸媒轉化器等設備，減少降低 $PM_{2.5}$ 的排放。此外，由於市場競爭，車廠也會強化引擎的燃油效率，訴求省油，以吸引消費者。

也因此，讓汽車在使用同樣體積的油料時，所排出的 $PM_{2.5}$ 可能會比機車少。但無論如何，汽車製造技術如何進步，只能盡可能降低在每公升油料的 $PM_{2.5}$ 排放量。如果汽車使用時間長，行駛公里數越多，排放的 $PM_{2.5}$ 累積仍然相當可觀，這也是為何要鼓勵通勤族多利用大眾運輸的主要原因。

二行程機車的 $PM_{2.5}$ 排放量就是比較多

機車的排氣量比汽車、大貨車都小很多，但與汽車同樣，全台灣總量非常龐大。尤其機車又可以分為二行程及四行程，二行程是指引擎只用兩個步驟就可輸出動力，因此扭力較強，但燃料會因燃燒不完全且混燒機油而產生白煙；四行程則需四個步驟才能輸出動力，可以將油料燃燒較完全。

這也就是為什麼騎車跟在綠色車牌的五十C.C.二行程機車後面時會聞到嗆人的煙味，二行程機車除了高濃度的 $PM_{2.5}$ 以外，也會排放大量的 VOCs 致癌物。

而在所有通勤方式之中，機車騎士是暴露最高空氣污染風險的，因為所有汽車的排氣管出口都與我們呼吸的高度接近，導致機車騎士在通勤的過程中，最直接暴露在空氣污染之中。

船舶燃料，導致港口 $PM_{2.5}$ 偏高

台灣是海島，對於擁有港口的縣市來說，船舶的 $PM_{2.5}$ 排放是相當大的來源。不論是漁船、渡輪、貨輪，還是油輪，都需要龐大的動力來推動，因此燃料的選擇以重油為主。

目前，台灣還未強制大型船舶使用低硫重油，但已要求外籍船舶及航駛國際航線之國籍船舶，於二〇一九年一月一日起，進入台灣國際商港區域，應採用低硫燃油（硫含量〇．五%以下）或具有同等減排效應之裝置或替代燃料。

❶ 交通部 https://goo.gl/PYhXxC

❷ 二〇一七年交通部機動車輛登記數量統計。

燃燒稻草的煙霧，含高濃度 PM2.5

農作物採收後常有大量的稻稈、果樹枝葉等廢棄物產生，如此大量的廢棄物堆在農田裡，過去常見一把火點下去，造成附近地區煙霧瀰漫、煙塵刺鼻之外，濃重的煙霧也影響交通，尤其對高速公路上高速行駛的車輛帶來極大的風險。

除了 PM2.5，燃燒稻草易夾雜其他有毒污染物

燒稻草的情況在雲嘉南平原、南投這些農業為主地區較為常見。燒稻草的原因主要是為了省去處理成本，雖然稻草、枝葉經過一段時間可以自然腐化成為天然肥料，但因為數量龐大，而且為了種植效率，多數農民不會另覓地點堆置以待腐化。

此外，稻草燃燒後的稻草灰為鹼性，有些農民認為就地燃燒有助於殺滅田裡的害蟲，而燒完餘下的稻草灰可改良土質，維持土壤肥力。

然而，燃燒這些農田裡的廢棄物時，因為有稻草或枝葉並未完全乾枯，其中的水分、以及通風不完全等因素，使得燒起來便產生大量的煙霧。

這些煙霧除了含有高濃度的 $PM_{2.5}$ 之外，更危險的是有時候還夾雜使用完未回收的農

藥及肥料塑膠瓶罐。

如此一來，燃燒塑膠產生的戴奧辛，也就完全未經處理就隨風飄散，可能會深深毒害周遭居民以及農民的健康。

宣導勸導為上，環保稽查處罰次之

農田的露天燃燒不易根絕的主要原因，是由於過去是以行為來做稽查，要是沒有看到農民「正在點火」的行為，便難以處罰。

近幾年環保單位開始也會對地主開出勸導單。依照二〇一八年立法院三讀修正通過的「空氣污染防制法」的罰則，燃燒行為人會被罰五千元到十萬元的罰鍰，若因為煙霧造成道路車禍，還有可能面臨刑事責任。實際上，燃燒農業廢棄物增加土地肥分之舉，各地農業改良場的研究員皆持反對的立場，認為稻草燒過後的碳酸鈣、碳酸鉀反而會導致稻草植株變矮、落穗變多等不良影響❶❷。

掩埋、微生物分解，可成為替代選項

面對農業廢棄物必然存在的問題，各地農改場都有尋找其他替代方案設法解決這個問題，像是台東農改場長期宣導農民在稻穀收割之後，將稻草一併翻土掩埋到土壤中，可改善土壤有機質，並節省肥料的使用❶。

若擔心分解太慢，也可使用微生物堆肥的方式，將稻草在農田中分解成肥料，就地施肥到農田中維持肥分，不只保護農民的身體健康，也減少處理廢棄物的麻煩❷。

另外，由於再生能源需求增加，稻穀、枝葉等農業廢棄物，開始被視為廢棄物衍生燃

農田廢棄物活用術

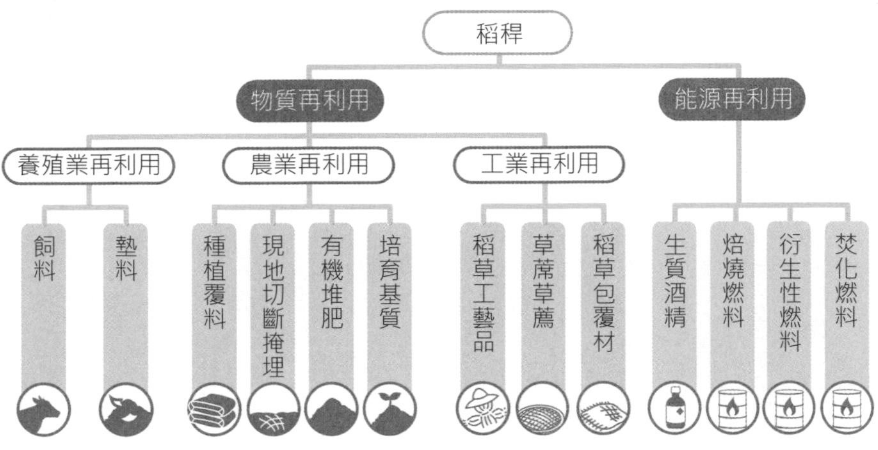

料的原料，經過空污防制設備完善的鍋爐燃燒後，也不失為一種環境與經濟的雙贏。

---

❶ 農傳媒「稱草富含有機質，應就地掩埋不焚燒」https://goo.gl/7eUz25

❷ 台中農改場含稻草分解菌有機質肥料加速稻草分解施用技術。

焚香、燒金紙，恐燃出致癌物

焚香祝禱背後的 PM2.5

相較於工廠及汽機車污染源受到的關注，我們生活中像是節慶燃放鞭炮、煙火、燒金紙，以及火災等突發性污染事件，往往因為屬於偶發性，多數民眾比較不以為意，殊不知這些小型污染源常會是高濃度、短時間地讓小區域污染飆高。

逢年過節時，許多人會在自己家拜拜，其中焚香、燒金紙、放鞭炮，都是最容易吸到 PM2.5 的時候。而在中元普渡期間更是一年當中燒金紙的高峰，常因為金紙數量龐大，層層堆疊的情況下，空氣難以進入空隙中，而呈現悶燒的狀態。

化學合成香、金紙，竟然燒出重金屬等致癌物

手工製香、金紙現在越來越少見，現今在香鋪、廟宇常使用的香及金紙大多是化學合成的。

合成香和金紙原料除了香粉、紙漿以外，也常添加助燃劑、石灰、香精等化學物質❶。燃燒時除了排放 PM2.5，同時還會產生一氧化碳、亞硝酸、甲醛、多環芳香烴、重金屬等污染物。再加上有些人為了省事，連包裝金紙的塑膠繩也一起燃燒，就很可能會產生戴奥辛、多環芳香烴等致癌物。

好香與壞香的最大差別，就是賭上你我的健康

尤其，化學合成香為了要讓化學香料與香粉充分混合，最常見的方式是使用含有甲苯、二甲苯等具致癌性的有機溶劑，這些有毒物質就在燃燒時，隨著 PM2.5 一同釋放到空氣中。

傳統製香以竹枝和楠樹皮製粉做成，而金紙的主要原料則是竹子，這些在燃燒時產生的煙霧中比較不會含有致癌物，但也因為未添加任何石灰、滑石粉等促進燃燒的物質，燃燒的溫度較低，就可能會燃燒不完全，容易使 PM2.5 濃度較高。

挑選香的時候，先用鼻子嗅聞，如果味道過於強烈或刺鼻，最好就不買。也可以依照燃燒時煙量的多寡來選擇。市面上有號稱「無煙香」的商品，但要留意是否添加重金屬鉛來促進燃燒，購買前務必對成分多加了解。

廟會、遶境活動燃鞭炮，是重要的 PM2.5 來源

當我們點燃鞭炮時，以硫成分為主體的 PM2.5 及二氧化硫就會釋放到空氣中，留下一團白色的煙霧。

廟會遶境時經常有信眾沿路施放鞭炮，曾有一項遶境時的 PM2.5 監測，發現最高可以超過一千五百微克／立方公尺❷。

現在已有許多遶境、進香活動會宣導使用替代措施，例如二〇一七年的大甲媽祖遶

境，就宣導信眾的鞭炮減量、改用音響鞭炮等措施，讓 $PM_{2.5}$ 減少二分之一。

支持政策，減量及集中燒，甚至不焚香、不燒金紙

空氣污染與宗教信仰的拉鋸並非無解，近年來，開始有越來越多的廟宇自主減爐或一爐一香，並改用天然線香，實施幾年來已大幅改善廟宇周遭的空氣品質[3]。像是台北的龍山寺、行天宮更直接停止焚香、燒金紙，到廟中只拜「心香」，強調信眾的心意最重要。

許多地方政府也願意提供補助，鼓勵廟宇裝設相關污染防制設備，以增加對流、促進燃燒的想法來做設計，讓金紙可以燃燒完全而減少 $PM_{2.5}$ 的排放量。廟宇因為使用人數眾多，有時還會加裝洗煙器、活性碳等空氣污染防制設備，讓燒金紙變得更環保。

此外，各縣市環保機關在中元普渡期間，幾乎都有集中焚燒金紙的服務，可以與環保局聯繫，將祭拜後的金紙集中到特定焚化爐燃燒。除此之外，多處地方政府鼓勵把購買金紙的錢捐給社福團體「以功代金」的折衷方式。

---

❶ 聯合報「天然材料製好香 業者籲管制燒香品質」
https://goo.gl/9LzRw7

❷ 行政院環境保護署「大甲媽祖遶境即時空品監測」
https://ienv.epa.gov.tw/loT/

❸ 聯合報「禁香！行天宮信眾增 減爐！龍山寺空氣好」
https://goo.gl/ouSNVo

台灣大型、知名宮廟減量作為現況

傳統宮廟祭拜都會焚香、燒金紙，但是，這些香燃燒後釋放大量PM2.5有害健康，為了響應環保，許多台灣大型、知名宮廟開始逐步減少香爐數量，甚至自行封爐。

宮廟名稱	香枝			紙錢				備註
	減爐	自行封爐	一爐一香	以米代金	集中燒	環保金爐	大面額紙錢	
台北艋舺龍山寺	V		V					• 2000年推動一爐一香 • 2017年6月16日減爐
台北關渡宮			V			V	V	• 2006年設置環保金爐 • 2007年11月1日起推行香枝減量
台北行天宮		V						• 2014年8月26日實施封爐
新北蘆洲湧蓮寺	V		V			V	V	• 2016年實施減爐，由7爐至3爐
台中大甲鎮瀾宮			V		V	V	V	• 2003年裝設防制設備
彰化鹿港天后宮						V		• 2011年裝設防制設備
雲林北港朝天宮			V		V			• 2003年實施一爐一香
嘉義新港奉天宮			V				V	• 2007年開始推動一爐一香
台南鹿耳門聖母廟			V	V		V	V	• 2016年初推動金紙減量 • 2017年推動環保金、使用環保鞭炮
高雄大港保安宮			V			V		• 2009年推動一爐一香、防制設備

資料來源： 行政院環境保護署「強化民生關注議題異臭味改善及協助執行清淨空氣行動PM2.5 減量計畫」

小講堂

PM$_{2.5}$ 在台灣歷史的變遷

中興大學莊秉潔教授以能見度回推過往PM$_{2.5}$濃度，發現在一九六〇至一九八〇年代之間，台北因為工業繁盛，是全台空氣最糟的地區，台北天空總是灰灰的，讓人喘不過氣，就連宜蘭地區的空氣也不太好。

而現在空氣最受關注的台中、高雄地區的PM$_{2.5}$濃度，在那時則是與現今的花東地區差不多一樣好❶，如今變調了，讓人心疼。

一九七〇年代，政府大力推動十大建設，當時工業原料都得進口，因此各種工業的重鎮都位於港口邊，而當時最大的高雄港就順勢成為鋼鐵與化學工業重鎮，進而開始了高雄與空氣污染密不可分的關係。

直到一九八〇年代，台北的工廠開始陸續遷出，加上之後大眾捷運的興建，才讓台北的空氣好轉，擺脫了PM$_{2.5}$空污的危害。

然而也從一九八〇年代之後，台中港及台中火力發電廠落腳中部，為降低了海運成本以及電力的成本，伴隨而來有許多工廠設到台中港周遭以及彰化沿海。除火力發電廠本身排出大量的PM$_{2.5}$之外，其他進駐在港區周圍的工廠，隨之增加的人口及交通活動等，也都持續排放著PM$_{2.5}$。

經過這些歷史的轉折之後，成就了如今南北逆轉的差異樣貌。台灣中南部要完全擺脫PM$_{2.5}$這個魔咒，除了重大污染源在緊急時刻降低運轉量之外，更應積極提升經濟競爭力帶動社會活動及綠色交通轉型，作為長期空氣品質管理策略的基礎，或許才是讓中南部地區完全擺脫空氣污染的解方吧！

❶ 台灣大學風險社會與政策研究中心，莊秉潔教授「細懸浮微粒歷史變化與健康風險之關係」 https://goo.gl/pSXiFx

第3章

PM2.5對健康的影響

全球每八位死者就有一人死因歸咎於空污，WHO更早已將PM2.5列為「第一級致癌物」。

PM2.5有強大吸附重金屬的能力，造成毒性強又猛；加上成分複雜，人體無法輕易排除，可能導致全身慢性發炎，促使血管硬化或產生血栓，提高心血管疾病風險。

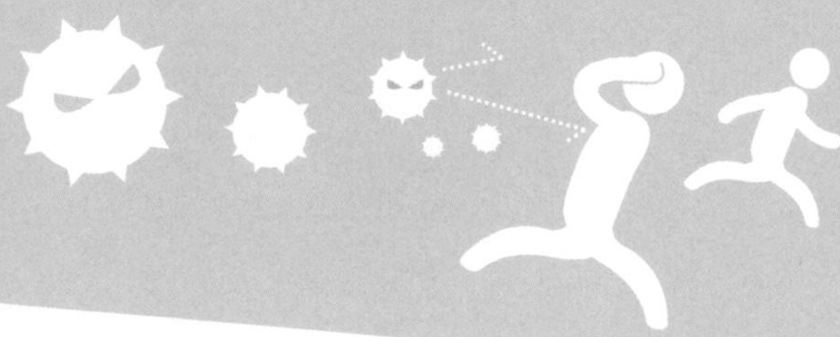

PM2.5 威脅人體健康

PM2.5 名列「第一級致癌物」，引發肺癌風險要當心

「髒空氣」會致病、致癌，而空氣中的污染物，又以PM2.5（粒徑在二．五微米以下懸浮微粒的通稱）威脅人類健康日趨嚴重。

聯合國世界衛生組織（WHO）的調查指出，二〇一二年死於空氣污染相關疾病的人口達七百萬，也就是全球每八位死者中就有一人的死因可以歸咎於空氣污染，比起因愛滋病、糖尿病和車禍所加起來的死亡人數還要多❶。

二〇一三年，世界衛生組織的國際癌症研究機構（IARC）正式將室外空氣污染列為重要致癌因素，並再個別評估空氣污染的主要組成成分後，將PM2.5列為「第一級致癌物」❷，其引發肺癌的風險更勝二手菸。

PM2.5 的毒性對人體殺傷力強大

多數人可能並不清楚，為什麼相較於臭氧（O_3）、二氧化硫（SO_2）、二氧化氮（NO_2）等空氣污染物，PM2.5只是漂浮在空氣中類似灰塵般的微粒，卻會對人體健康造成如此大的傷害呢？

PM2.5 直徑示意圖

PM2.5 粒子直徑只有頭髮1/28，以及花粉的1/10，一般口罩根本擋不住。

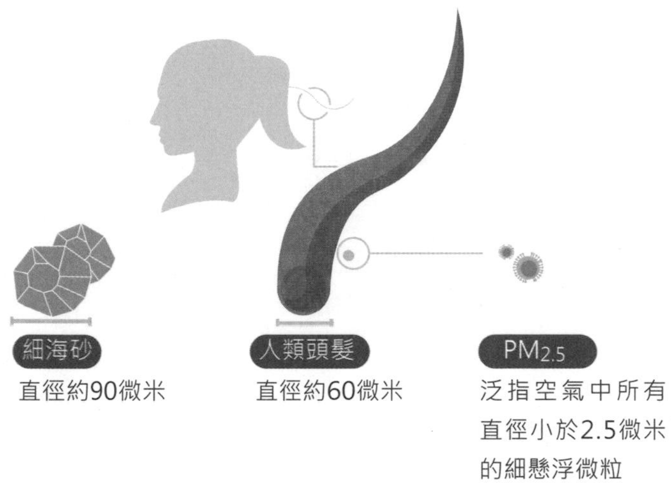

各式口罩可以過濾的顆粒大小

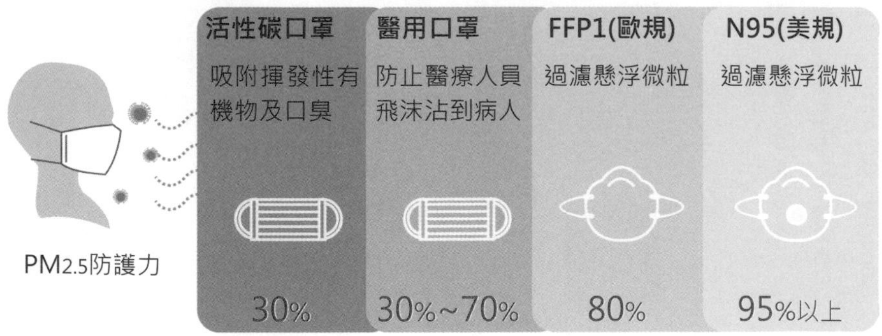

資料來源：TVBS 新聞 https://goo.gl/g6uxot

無論是鼻腔、咽喉還是氣管纖毛，都無法將PM$_{2.5}$全部攔阻排除，所以能深入支氣管和肺部，還會刺激並破壞氣管黏膜，影響呼吸系統的健康。

以往PM$_{2.5}$並沒有被特別重視，而是與其他懸浮微粒視為同一類污染物，然而，自從國際癌症研究所（IARC）評估致癌物部門首長公開呼籲❸：「微粒空氣污染是最重要的環境致癌物，要大眾重視空污問題……」之後，PM$_{2.5}$便受到全球人們的高度關注。

而PM$_{2.5}$的毒性，就在於它們的吸附力，以及人體無法輕易排除，甚至會攻陷身體的防禦機制，這部分在後面章節我們將一一說明。

❶ 世界衛生組織　https://goo.gl/jgsj6n

❷ 世界衛生組織　https://goo.gl/QX5RSG

❸ 聯合國新聞中心　https://goo.gl/spsUgn

PM2.5之毒① 刺激全身性發炎反應

PM2.5包含PM0.1（小於〇・一微米的超細微粒），也就是奈米級微粒。這些超細微粒比PM2.5更能深入肺泡，進入人體周邊血液。

位於美國的獨立研究機構「健康影響研究所」（Health Effects Institute，簡稱HEI）在二〇一三年指出，大氣微粒數目主要決定於PM0.1，而PM0.1數目濃度很大，所以表面積相對也大，許多有害物可以吸附在上面，所以其危害可能更大❶。

PM2.5導致慢性發炎，引起全身多種疾病

《美國流行病學期刊》（American Journal of Epidemiology）也指出，大氣微粒數目濃度比質量濃度更能反映微粒毒性。值得注意的是，PM0.1吸附在微粒表面的有害物質，許多是可進入周邊血液的可溶性化學物質，比PM2.5更容易被吸收到全身的循環系統。

雖然微粒能夠穿透肺泡的數目可能不是毒性最重要因素，但是PM2.5在呼吸道引起的肺部局部發炎反應，可以導致全身性發炎，甚至引起心血管疾病等。換句話說，PM2.5可以經由間接發炎反應，將微粒在肺部的發炎效應轉移到全身。

❶ HEI Review Panel on Ultrafine Particles. HEI Perspectives 3. Health Effects Institute; Boston, MA: 2013. Understanding the health effects of ambient ultrafine particles.

呼吸過程中，PM2.5直驅肺部深處

PM2.5能輕鬆突破人體鼻腔、咽喉、氣管、支氣管的層層把關，直接抵達肺部，並透過肺泡浸入血液循環，在人體內四處流竄。

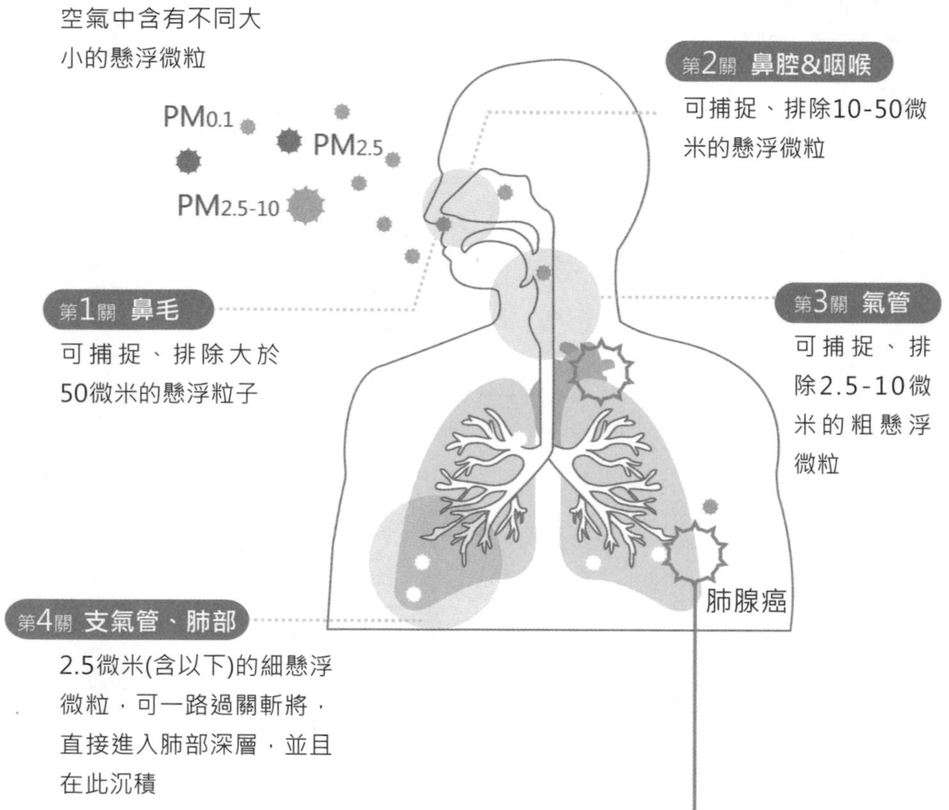

$PM_{2.5}$之毒② 強大的毒物吸附力

$PM_{2.5}$(粒徑在二・五微米以下懸浮微粒的通稱)的致命力，首先，就在於具有強大的毒物吸附能力；能帶著重金屬、戴奧辛等有毒成分，吞噬人體的健康。

易吸附重金屬、戴奧辛等毒物，毒性兇猛

相較於PM_{10}等較大的懸浮微粒，$PM_{2.5}$粒徑較小，能夠吸附的物質卻更多。

而且$PM_{2.5}$的來源十分複雜，在不同地區、季節和氣象條件下，$PM_{2.5}$的成分可能含有元素碳、有機碳、硝酸鹽、硫酸鹽、氯鹽、銨鹽、矽、鈉、鋁、汞、鉛、砷、戴奧辛等。

這也就是為什麼一樣都是懸浮微粒，但$PM_{2.5}$卻最受各界關注，因為它可以吸附更多有毒物質，深入我們的肺部，甚至進入周邊血液，同時也可以間接造成全身各系統的危害。

 不同粒徑懸浮微粒的傷害能力

懸浮微粒大軍中，PM2.5 體積雖小，但攻擊力卻是最高的。

PM大軍
戰力分析

	PM2.5-10	PM2.5(含以下)
達陣能力 (穿透力)	★★★ (氣管)	★★★★★ (肺部、血液循環)
攻擊火力 (吸附力)	★★★ (吸附毒素較多)	★★★★★ (吸附毒素最多)

說明：PM10包含PM2.5-10及PM2.5。
PM2.5-10稱粗懸浮微粒。
PM2.5稱細懸浮微粒。

PM2.5 之毒③ 含有許多未知成分

不易被人體代謝、排除，就在於成分複雜

每個人可以菸酒不碰，飯也可以少吃，但就是無法少吸一口氣。面對很難一時之間立刻改善的空污問題，很多人不禁要問：「進入人體的 PM2.5，難道就沒辦法被代謝、清除嗎？」

進入人體的 PM2.5 能否被代謝、清除，其實並沒有絕對的答案，但是醫界普遍認為不容易，原因在於 PM2.5 成分太複雜。

我們在評估人體是否因外物承受健康威脅時，必須先知道這個外界物到底是什麼東西，而不能只是籠統的類別。

半衰期長達二十年以上

PM2.5 的情況也是如此，因為 PM2.5 是指粒徑小於二．五微米的「所有」細顆粒物，本身的來源與成分就包羅萬象，又容易吸附重金屬、戴奧辛等有毒成分，成分更加複雜。在無法確認空氣中 PM2.5 的全部成分時，應審慎設想其中可能含有不易被人體代謝、排除的成分。

看不見的殺手：PM2.5

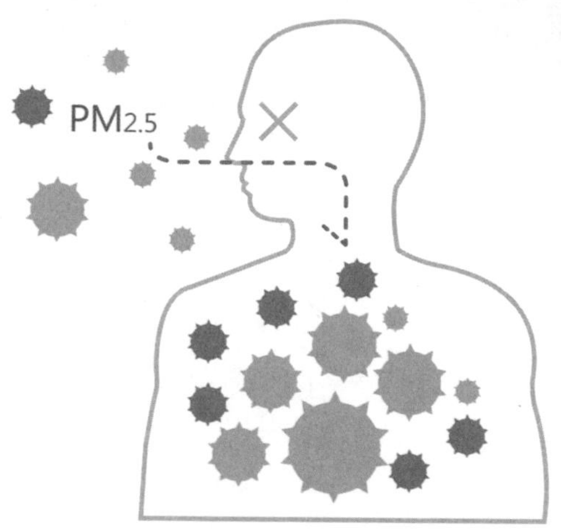

PM2.5 成分複雜，比起其他污染物質，會造成更多的健康危害。

舉例來說，如果 PM2.5 吸附了重金屬「鉛」，在進入人體後，就不容易排除，身體的運作機制是會自動將它集中隔離、累積於骨骼之中[1]，而一旦進入骨骼，半衰期將延長至二十年以上。

所以，進入人體的 PM2.5 能否被代謝或清除，無法有絕對的答案。即使是人體可代謝、清除的成分，想要將 PM2.5 排出體外，也一樣不容易。

---

[1] Amaya MA, Jolly KW, Pingitore NE, Jr. Blood lead in the 21st Century: The sub-microgram challenge. Journal of blood medicine. 2010;1:71-78.

PM2.5之毒④ 容易癱瘓人體防衛能力

我們的肺部原本就不斷地從空氣中提取人體所需要的氧氣，人體的肺部也成為首當其衝PM2.5來襲的第一道防線。為了自保，肺部本就常駐著一群軍隊：肺部巨噬細胞（pulmonarymacrophage，一種免疫細胞），來吞噬、清除外來的塵粒或病原。

吞噬外來塵粒或病原的肺部巨噬細胞，一般為了區分會改稱為塵細胞（dustcell）。這些細胞有的會隨著呼吸道內的黏液變成痰液，透過纖毛運動被咳出；有的會進入肺淋巴管，隨淋巴進入肺淋巴結後被清除。

不僅如此，當肺部遭受外來塵粒或病原攻擊，肺部在啟動巨噬細胞開戰的同時，還會召喚其他免疫夥伴一起來對付外敵。

PM2.5被吸入肺部後，照理也應該被肺部巨噬細胞吞噬，但連醫生都說不容易，因為有三個原因使得人體的防禦機制變弱：

吸入量太多，寡不敵眾

我們每天需要呼吸兩萬多次，每次將大約五十萬個微粒吸入肺中，如果在沙塵暴、霧霾比較嚴重時，沒有防備下直接呼吸，吸入的微粒估計會增加一百倍，肺部巨噬細胞雖努力奮勇「吞」敵，也不斷召集免疫細胞前

吸入量太多，人體免疫軍無奈寡不敵眾

人體每天需要呼吸2萬多次，每次大約將50萬個微粒吸入肺中。負責吞噬、清除外來塵粒的肺部巨噬細胞，面對前仆後繼持續入侵的PM2.5大軍，也只能徒歎寡不敵眾。

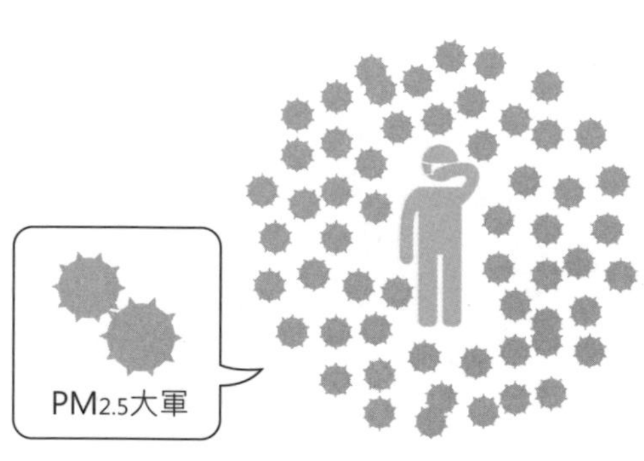

來支援；但是，往往侵入者源源不絕，敵眾我寡，只能消滅一部分的PM2.5。

沒被清除的PM2.5不是沉積在肺部，持續刺激誘發肺部慢性發炎，就是通過肺泡的毛細血管屏障進入血液循環系統，引發全身發炎反應，進而導致大腦、心血管等多處疾病。

成分太複雜，沒有能力排除

被吸入人體內的PM2.5，成分複雜，當中有不少是肺部巨噬細胞難以消化的（例如香菸煙霧），對於這些難以消化的東西，肺部巨噬細胞往往也不知道該拿怎麼辦，於是只能含在肚子裡。

成分太複雜，讓肺部巨噬細胞消化不良

肺部巨噬細胞吞噬太多粒子、來不及消化，結果就是消化不良，就像沙發馬鈴薯，移動、清理的能力也就越來越弱。

結果導致肺部巨噬細胞越來越「消化不良」，移動、清理其他物質的能力也越來越弱❶，甚至還會因中毒而迷亂，進而影響免疫功能。

瓦解免疫大軍的防線

此外，人體免疫大軍的防禦機制，本來就非常複雜，旗下各兵團（如巨噬細胞、嗜中性白血球、補體蛋白質等）必須合作無間，而且還各自身具十八般武藝。

以巨噬細胞來說，它除了可吞噬、清除致病原，還有其他許多功能與用途，有時會促進炎症反應，有時會協助抗發炎，有時會產生自由基破壞組織，有時會分泌細胞因子促進組織再生和傷口癒合，同時，扮演多種角色，端視環境而異。

迷亂巨噬細胞，瓦解免疫大軍的防線

人體免疫大軍的防禦機制非常複雜，不同的機制運作必須合作無間，而 $PM_{2.5}$ 削弱了肺部巨噬細胞的能力，不僅直接影響人體免疫軍的「戰力」，同時也瓦解了免疫軍環環相扣的防線。

因此，巨噬細胞在受到 $PM_{2.5}$ 的長期侵害後，不僅本身戰力下滑，連帶免疫大軍環環相扣所構築的防線也會跟著瓦解。

❶ Berg, RD, Levitte, S et al. Lysosomal Disorders Drive Susceptibility to Tuberculosis by Compromising Macrophage Migration. Cell; 24 Mar 2016. dx.doi.org/10.1016/j.cell.2016.02.034.

引發的發炎反應，以氣喘最嚴重

氣喘（asthma，又稱哮喘）是一種會反覆發作，使氣管發炎水腫收縮，而造成呼吸時氣流通過呼吸道受到阻礙的一種疾病，主要是由體質基因和環境因素所共同導致，而 $PM_{2.5}$ 正是常見的環境因素之一，眾多的研究皆證實，隨著環境中 $PM_{2.5}$ 的濃度上升，氣喘發作的機會也會跟著增加，像是二〇一四年《胸腔醫學期刊》（Thorax）上一篇關於巨量分析 (meta-analysis) 研究❶便發現，環境中 $PM_{2.5}$ 濃度每上升十微克／立方公尺，氣喘發作機率就會增加三至四%。

氣喘發作機率會依 $PM_{2.5}$ 的濃度而上升

$PM_{2.5}$ 進入人體內的主要途徑為「吸入」，所以只要 $PM_{2.5}$ 飆高，人體呼吸過程中空氣所要通過的所有器官：呼吸道，首當其衝自然成為一級戰區，而當中最容易引發且又可能瞬間奪命的病症，就是「氣喘」。

事實上，早年正是因為美國學者發現氣喘兒增多，開始研究 $PM_{2.5}$ 與氣喘的關係，才使得 $PM_{2.5}$ 開始受到關注。直至今日，我們雖已陸續發現 $PM_{2.5}$ 會對人體健康造成多項危害，但 $PM_{2.5}$ 對氣喘的影響力，仍是廣受各界關注的重要課題。

空污嚴重，氣喘患者應小心復發

即使避開容易煙霧迷漫的遶境活動，以我們日常的空氣品質換算，PM$_{2.5}$ 誘發氣喘發作的機率也仍然不小，特別是在空氣品質監測達「紅色警示」以上，不少地方的 PM$_{2.5}$ 濃度甚至有高於一百微克／立方公尺，氣喘發作機率提高至少將近四成，其影響實在不容小覷。

此外，氣喘雖是由體質基因和環境因素所共同導致，且一般兒童罹患氣喘的比率高於成人，但並不表示原本沒有氣喘的人，終身就一定與氣喘絕緣。

雖然並非所有的氣喘病患都具有過敏體質，但有過敏體質的人，罹患氣喘的機率的確比一般人高出許多。換句話說，除了已知的氣喘病患者，一般人也應多留心自己的健康狀況，由於 PM$_{2.5}$ 會誘發發炎反應，有疑慮就立刻就醫評估，才是確保順暢呼吸的不二法門。

建議氣喘患者在空氣品質不良期間外出時，務必攜帶急救藥物，一旦出現發作症狀就應立刻就醫，不可輕忽身體的不適；而年紀大的氣喘患者，如果要外出運動，最好有家人陪伴同行，才能預防萬一。

---

❶ Atkinson RW,et al. Epidemiological time series studies of PM2.5 and daily mortality and hospital admissions: a systematic review and meta-analysis Thorax 2014;69:660–665.

發炎反應是 $PM_{2.5}$ 最明顯的症狀

眼睛癢、打噴嚏、眼淚鼻水直流，是 $PM_{2.5}$ 誘發發炎反應

當人體遭受 $PM_{2.5}$ 所引發的第一個健康問題就是「發炎」。當我們參加跨年煙火若站在下風處，或者參加節慶遇到燃放大量鞭炮，身處於這類煙霧瀰漫之地，總會覺得眼睛沙沙、鼻子癢癢，甚至淚水、鼻水流不停，其實這些發炎症狀，正是身體受 $PM_{2.5}$ 大軍攻擊所發出的警訊。

然而，如果你認為空氣不良造成發炎只是暫時的不適，忍一忍就好，那可就錯了！

日本大阪大學研究發現，$PM_{2.5}$ 等大氣污染物質，會讓原本健康的人容易有眼睛癢、鼻癢、喉嚨痛、氣喘等刺激性症狀❶。

不僅煙霧會讓人淚水、鼻水直流，事實上只要空氣品質稍變差，眼屎、鼻屎的量就會增多，甚至因發炎症狀加劇而必須到診間報到。

❶ Kuroda E et al Immunity 2016.

空污影響比你想像得大

只要是會直接接觸到 PM2.5 的人體部位，都可能因此出現發炎反應。

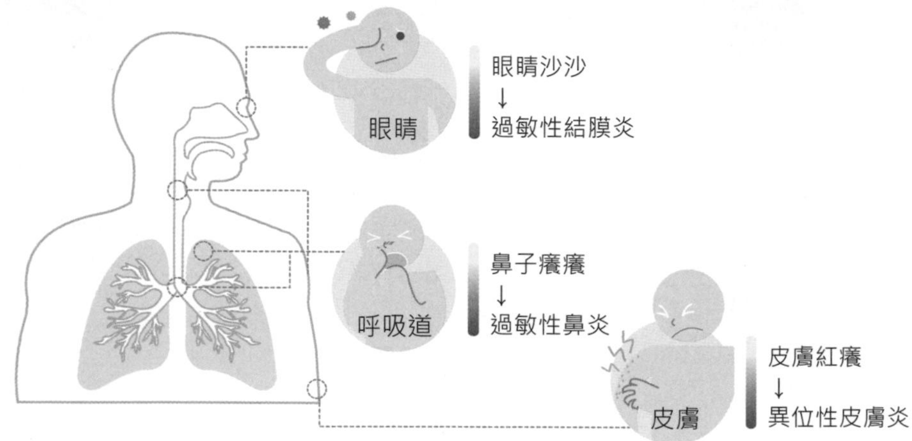

PM2.5 是敏感族的大敵！

PM2.5易引發眼睛沙沙、鼻子癢癢、皮膚紅癢、鼻塞、咳嗽、喉嚨卡卡的異物感......等發炎症狀。

即使是本來沒有發炎體質的健康寶寶，長期受到PM2.5攻擊而發炎，最後也會變成過敏體質，從此加入苦不堪言的發炎體質家族。

假如原本就有過敏體質，很容易因為發炎而使過敏更為劇烈，而長期反覆發作，最後就得用更強的藥物來控制，治療上也就益發棘手。

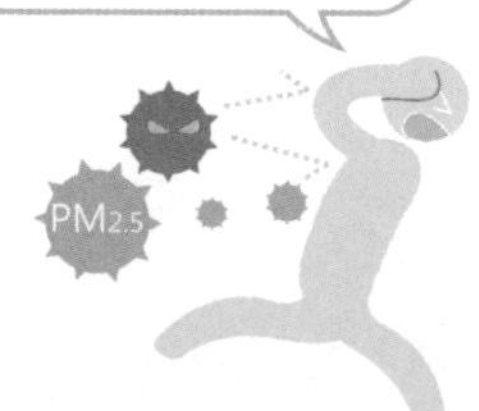

增加肺阻塞惡化和死亡率

國人十大死因第七名：肺阻塞

除了抽菸、職業暴露外，長期吸入PM2.5，也可能引起致命的「慢性阻塞性肺病」（Chronic Obstructive Pulmonary Disease，簡稱ＣＯＰＤ），又稱「肺阻塞」。

肺阻塞廣受各國重視，原因無他，因為肺阻塞可堂堂名列全球第四大死因，據世界衛生組織（ＷＨＯ）統計，全球約有十分之一的四十歲以上成人患有肺阻塞，每年約有三百萬人死於肺阻塞（約全球死亡人數五％）。

台灣的情況也同樣嚴重，從衛生福利部死因統計資料顯示，肺阻塞的死亡人數，在二〇一一至二〇一五年每年約五千人，二〇一六年更高達六千七百六十七人，為我國十大死因排名第七位，嚴重程度不亞於肺癌。

四十歲以上，是肺阻塞高風險族群

但是，如此常見、多發、高致死率的疾病，卻很多人感到陌生，甚至大部分罹病者不知道自己已經被肺阻塞纏身！

流行病學調查推估，台灣四十歲以上身患

中重度肺阻塞者占五・四%，約有六十四萬人，但實際上就診者只有二十四萬多人，也就是說有將近四十萬人沒有就診。

肺阻塞是不可逆，又無法根治的疾病

所謂的肺阻塞，簡單來說就是呼吸道慢性發炎甚至纖維化，使氣體無法通暢進出呼吸道的疾病，主要包括有慢性支氣管炎及肺氣腫，兩者常合併存在。這種病症很常出現在肺臟因長期接受抽菸或空氣中的有害粒子的人身上。

慢性支氣管炎會使呼吸道發炎變窄，並產生痰液，肺氣腫則會因肺部纖維組織的彈性降低，使肺泡破裂，而導致肺部氣體交換功能不良。

一旦肺泡與支氣管結構被破壞，便無法恢復，再加上呼吸道慢性發炎一直持續，會使呼吸道阻塞的狀況持續增加，讓肺功能逐漸惡化；換句話說，肺阻塞是不可逆，且無法根治的慢性疾病。

易被誤認為感冒

但肺阻塞的病程進展緩慢，只要做好生活控制並接受適當治療，就可以減緩症狀及惡化速度。

比較麻煩的是，由於肺阻塞的早期症狀不易辨識，很容易被誤認為感冒或其他疾病，因此當病患覺得症狀變重而就醫時，病程往往已經發展至中後期，治療難度與病情控制的困難度也會大幅增加。

什麼是慢性阻塞性肺病？

進出呼吸道的氣流就有如車流，而呼吸道就有如公路網。

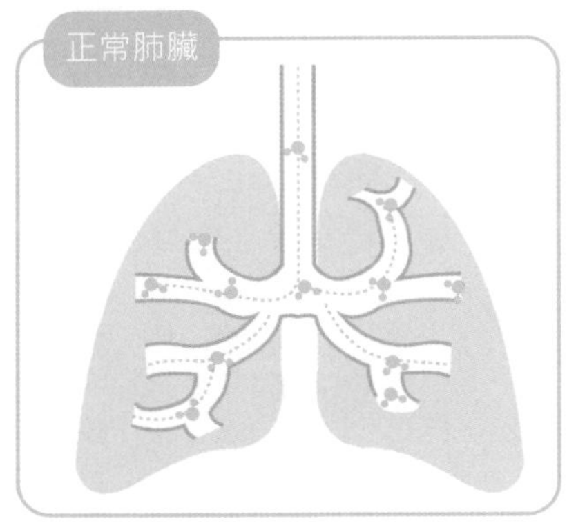

正常時，車流（氣流）暢通無阻。

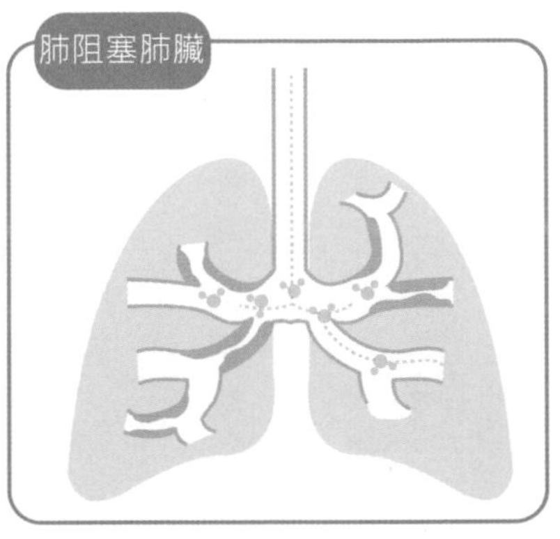

肺阻塞像公路變窄，且障礙物變多，使車流（氣流）塞住了！

慢性阻塞性肺病 VS. 正常人比較示意圖

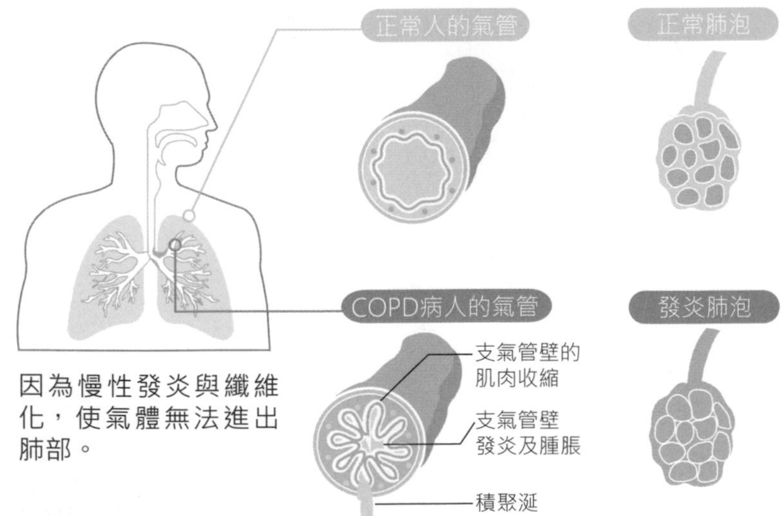

要避免這種狀況，關鍵是患者自己要有疾病意識，肺阻塞的早期症狀雖與感冒相似，但並非完全無跡可尋，像是慢性咳嗽、咳痰，以及慢性且漸進性的呼吸困難等，正是肺阻塞的三大典型症狀，建議一旦咳嗽、咳痰情況超過三周，就該就醫檢查，釐清病況。

戒菸或拒吸二手菸、三手菸

肺阻塞的主要成因，在於肺臟長期接受抽菸或空氣中的有害粒子，所以不管是預防或要病情控制，都要注意，像是抽菸（二手菸）以及有油煙、煙霧、粉塵或化學物質的環境，空氣中含有大量具有毒性的有害粒子，會引發肺阻塞或使肺阻塞惡化。其中以吸菸和二手菸的影響最大，因為香菸燃燒時的煙霧含有超過四千種有毒化學物質，可說是引發肺阻塞的首位殺手。

美國疾病管制局（CDC）調查發現，吸菸者得到肺阻塞的機率，是非吸菸者的十到十三倍！

此外，即使沒看到有人抽菸，但環境中有殘留煙味也有危害健康的疑慮，因為已有研究證實，三手菸（菸熄滅後在環境中殘留的污染物）的毒性微粒會殘留在車子、衣服、地毯、桌面、窗簾、衣櫃等處，而且可以存在長達三個月以上❶。

所以想要預防或控制肺阻塞，第一步就是「戒菸」或「拒吸二手菸、三手菸」，同時避免經常處於有油煙、煙霧、粉塵或化學物質的環境。

肺阻塞的三大典型症狀

慢性咳嗽 → 咳痰 → 慢性且漸進性的呼吸困難

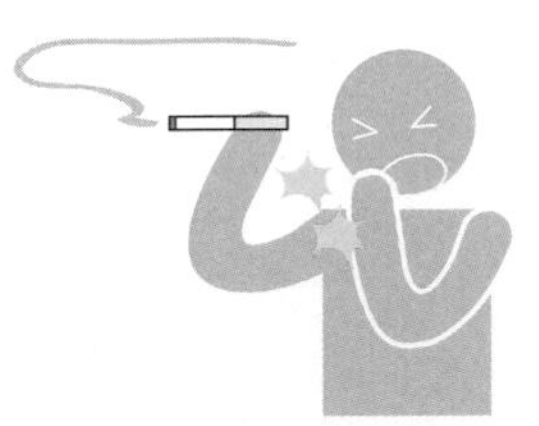

- 最早出現的症狀，剛開始通常是間歇性咳嗽。
- 之後會慢慢演變成時常或每天咳嗽。

- 咳嗽後會咳出少量黏痰，有時為白色痰液，有時為黃綠濃稠痰液。

- 常感覺吸不到氣或胸悶，尤其爬樓梯及搬重物時會喘不過氣。
- 嚴重者連散步行走也會出現喘鳴不適。

降低PM2.5的吸入量

PM2.5對肺阻塞的發生、發作影響很大。根據《公共科學圖書館》（PLOS）的研究顯示❷，PM2.5濃度每增加十（微克／立方公尺），肺阻塞患者急性惡化率就增加一．四六%，住院率增加三．一%，死亡率更增加二．五%，嚴重性不容小覷。

值得注意的是，抽菸（二手菸），一口煙吸進去的顆粒和吐出來的煙圈幾乎百分百都是PM2.5。行政院環境保護署便曾實測，吸菸產生的PM2.5最高達八百微克／立方公尺，對肺殺傷力很大。

用鼻子呼吸而不用嘴呼吸，就可保護我們的肺！因為鼻子是呼吸系統的第一道防線，鼻腔構造能讓大部分的懸浮微粒撞擊與沉積下來。

維持鼻道健康，少用嘴巴呼吸

只要鼻腔生理功能正常，搭配經鼻道的呼吸氣流避免過快產生亂流，鼻道黏膜甚至可以濾除小於一微米的懸浮微粒（雖然無法完全攔阻），所以要保護我們的肺，就應該用鼻子呼吸。

有鑑於此，慢性過敏性鼻炎患者，應該更積極和醫師討論治療鼻腔過敏的方式，因為鼻過敏患者常習慣用嘴巴呼吸，缺少了鼻子這關的保護，將會使更多懸浮微粒得以進入氣管，導致罹患氣喘或肺阻塞的機率倍增。

肺阻塞發生率與死亡率皆十分可觀，可以上「台灣胸腔暨重症加護醫學會的整合型醫療網站」，更清楚認識肺阻塞，了解疾病基礎認識、診斷、治療、照護，以及自我檢測自身是否有罹患肺阻塞的風險。

網址：http://www.asthma-COPD.tw/

---

❶ Matt GE, et al. Households contaminated by environmental tobacco smoke: sources of infant exposures. Tob Control 13(1):29–37. 2004. doi:10.1136/tc.2003.003889.

❷ Xu Q, Li X, Wang S, Wang C, Huang F, Gao Q, et al. (2016) Fine Particulate Air Pollution and Hospital Emergency Room Visits for Respiratory Disease in Urban Areas in Beijing, China, in 2013. PLoS ONE 11(4): e0153099. https://doi.org/10.1371/journal.pone.0153099.
Li MH, Fan LC, Mao B, Yang J W, Choi AM, Cao WJ, Xu JF. Short-term exposure to ambient fine particulate matter increases hospitalizations and mortality in COPD: a systematic review and meta-analysis. Chest. 2016;149(2):447–58.

PM2.5是肺癌的最大幫兇

壞空氣荼毒歐洲人，台灣髒空氣更不利

美國學者波普（Pope）於二〇一二年發表的研究[1]指出，二〇一〇年全球約有二十二萬三千件因空氣污染造成肺癌死亡的案例。

二〇一三年歐洲的流行病學研究已證實，PM2.5與PM10的暴露，的確會增加肺癌發生率，這項研究結合歐洲十七個世代追蹤研究（cohort study）橫跨瑞典、挪威、丹麥、荷蘭、奧地利、英國、西班牙、義大利、希臘等九個國家，追蹤對象多達三十一萬兩千九百四十四人。

在追蹤期間（平均十二・八年／人）共有二千零九十五人被診斷出肺癌，透過分析結果發現，每增加十微克／立方公尺的PM10暴露，罹患肺癌的風險就會增加二十二%，而PM2.5只要增加五微克／立方公尺；此外，暴露在PM10與PM2.5濃度較高的環境下，罹患肺腺癌的機率則會顯著增加五十一%與五十五%[2]。

發生率成長快速，五年存活率僅十九・七%

法務部前部長陳定南、前立委盧修一、歌手鳳飛飛、演員文英等，不少名人皆因肺癌辭世。事實上，根據衛福部國人死因統計，肺癌不僅是台灣近年成長速度最快的癌症，而且還是最要命的癌症，連續三年位居十大癌症死因之冠，五年存活率僅十九．七％，平均每天造成二十五人死亡。

值得注意的是，過去抽菸是一般人熟知的肺癌成因，然而根據統計，台灣有一半以上的肺癌患者沒抽菸，而且有年輕化趨勢，由此醫界普遍認為，「無所不在的空污，尤其是細懸浮微粒 PM2.5，是肺癌防治必須面對的重大問題」。

抽菸、空氣污染、廚房油煙，都是肺癌致病原因

肺癌是指惡性腫瘤發生於肺部、氣管或支氣管的癌症，主要分為「小細胞癌」和「非小細胞癌」，其中非小細胞癌又包括：肺腺癌、鱗狀上皮細胞癌、大細胞癌。

肺癌的致病原因很多，如遺傳體質、抽菸、空氣污染、廚房油煙等，而當中除了遺傳體質，其餘部分都與 PM2.5 有關。

尤其別忘記，抽菸時吸進體內的顆粒與吐出來的煙圈，幾乎全都是 PM2.5；因此，時時留意空氣品質，絕對是肺癌防治的首要之道。

此外，肺癌之所以成為「最要命」的癌症，關鍵在於沒有及早發現、及早治療，因為肺癌雖然可怕，但肺癌腫瘤若在一公分時就發現、切除，治癒率可高達八十五至九十五％，若是兩公分時手術切除，治癒率也高達七十至八十％，越早發現治癒機會越大。

但根據國民健康署最新的癌症登記報告顯示，末期（第四期）才發現罹患肺癌的人數

及早發現不「肺」力！看懂身體「求救信號」

可能是輕度乾咳，也可能是嚴重咳嗽，痰液也是有多有少。

有慢性長期咳嗽症狀的患者，一旦咳嗽性質發生改變，例如咳嗽頻率有變化或出現刺激性乾咳（即使用一些抗炎藥物，症狀也沒有明顯改善），這時就該要警覺。

40歲以上有吸菸習慣者，若不明原因發現痰裡總是帶有血絲，且持續了一段時間，症狀未緩解，就要考慮做進一步的檢驗。

不明原因感覺胸痛，疼痛時間從持續數分鐘至數小時。一般來說，胸痛大多在肺癌的中晚期才會出現。

如癌症腫瘤靠近胸膜，症狀就會較早出現，大多是不規則地隱痛或鈍痛，且在咳嗽的時候，症狀會加重。

手指、腳趾第一關節肥大，指甲突起變彎，常伴有疼痛。

常感到不明原因的四肢關節疼痛，此外還會出現遊走性關節炎症狀，肘、膝、腕、踝、指掌等關節部位會有燒灼般的疼痛感，活動有障礙，還可能出現水腫和脛骨、腓骨的骨質增生等症狀。

此症狀常與杵狀指同時存在。

肺癌患者早期會有皮膚瘙癢性皮炎、皮肌炎、帶狀皰疹等症狀。

大多數的多發性肌炎會在肺癌典型症狀之前出現，表現為周身無力、食慾減退，嚴重時還會連行走和起床都困難。

肺尖癌的早期症狀和主要表現是肩膀疼，甚至是從肩到手指產生放射性的疼痛，其症狀與一般肩周炎相似。

所以肩膀疼的時候也要特別注意，一旦發現同時有咳嗽、血痰狀況，就應該警惕是不是有肺尖癌的可能。

超過五成（五十七・九%），不僅已錯失黃金治療時機，而且癌細胞大多已經轉移，使得肺癌不僅成為「末期發現比例最高」的癌症，同時也是「死亡率最高」的癌症。

末期才發現罹患肺癌主要原因在於「肺癌初期幾乎沒有症狀」，再加上胸部X光片往往要等到腫瘤大到一定程度才「照」得出來，X光檢查根本無法及早發現，所以臨床上常有患者明明每年健檢的胸部X光檢查都正常，最後卻突然發現已經肺癌末期的情況。

連定期X光檢查都不易檢出，那如何及早防治？

事實上隨著醫療檢驗儀器的精進，目前低劑量肺部電腦斷層已可有效檢查出一公分以下的腫瘤，能提高早期診斷率，但因其準確性及放射性，目刖只建議高危險群進行篩檢，而除了透過醫學檢驗，民眾的病識感也很重要。

建議學會看懂身體「求救信號」（見一百二十七頁表），因為「肺癌初期幾乎沒有症狀」並不等於「完全沒有絲毫症狀」，只要對自己多一分關心，不錯過身體的求救訊號，就能及早發現、及早治療，不讓癌細胞有機會偷跑、坐大。

---

❶ Pope C A, Burnett R T, Thun M J, et al. Lung cancer, cardiopulmonary mortality, and long-term exposure to fine particulate air pollution. JAMA, 2002, 287: 1132–1141.

❷ Raaschou-Nielsen O, et al. 2013. Air pollution and lung cancer incidence in 17 European cohorts: prospective analyses from the European Study of Cohorts for Air Pollution Effects（ESCAPE）. Lancet Oncol 14: 813-822.

PM2.5 既傷腦又傷心

PM$_{2.5}$ 增加心血管與心臟病風險

PM$_{2.5}$ 不只嚴重損害我們的呼吸系統。光是它進入血液，就能到處刺激血管壁，導致氧化壓力及慢性發炎，進而使血管硬化或產生血栓，大大提高心肌梗塞的發生率。

此外，PM$_{2.5}$ 還會造成自律神經系統失調，引發心律不整，因此增加心肌梗塞等心血管疾病的風險。國內外研究皆指出，PM$_{2.5}$ 的攻擊不只讓人喘不過氣，而且還讓人「很傷心」。

美國心臟學會二〇一〇年報告❶便明確指出，PM$_{2.5}$ 每增加十個單位（懸浮微粒的單位，每單位為微克／立方公尺），總死亡率就會增加約十五％，心肺疾病死亡率增加約十五％，心血管疾病死亡率增加十至十五％，缺血性心臟病死亡率增加十五至二十％。

北京大學醫學部公共衛生學院研究也發現，PM$_{2.5}$ 每上升十微克／立方公尺，醫院因心血管疾病急診的患者就會增多，尤其是高血壓患者，增加人數高達八％。

台灣也是一樣的情況，根據台灣健保資料庫二〇〇六至二〇〇八年的數據顯示，

$PM_{2.5}$每上升一微克／立方公尺，心血管疾病患者的急診就診率增加了二・九二倍❷，而這種狀況至今沒有改善。

$PM_{2.5}$危害心臟加速動脈硬化

台大醫院內科部及心血管中心主治醫師蘇大成的研究團隊二〇一五年所發表的研究，發現持續六周追蹤監測六百八十九位平均四十六歲、沒有心臟病病史的中年人，其居住地$PM_{2.5}$濃度越高，頸動脈越厚，動脈硬化的風險越高，估計$PM_{2.5}$每增加五個單位，心血管疾病就會增加五十五%風險。

不只如此，空氣中$PM_{2.5}$的濃度越高，頸動脈內部增厚的速度越快，而減少接觸顆粒污染物，就能大大降低動脈硬化的風險❸。

影響腦血管，使中風與失智的風險大增

不只有點年紀的中年人受不了$PM_{2.5}$的攻擊，連健康年輕人都敵不過。

現任台大醫院內科部蘇大成副教授，曾研究追蹤了七十六位健康狀況良好的大學生，發現空污指數上升時，這些二十出頭的年輕人，都出現發炎指數和血栓指標上升、心率變異性下降，以及自主神經功能異常等現象❹。由此可見，空氣污染確實會促使罹患心血管疾病的機率增高。

值得注意的是，當$PM_{2.5}$進入血液循環，受刺激的不只心血管，還有腦血管，$PM_{2.5}$會導致頸動脈內部快速增厚，增加腦部萎縮與中風的機率！

PM2.5 損害呼吸器官和心血管系統

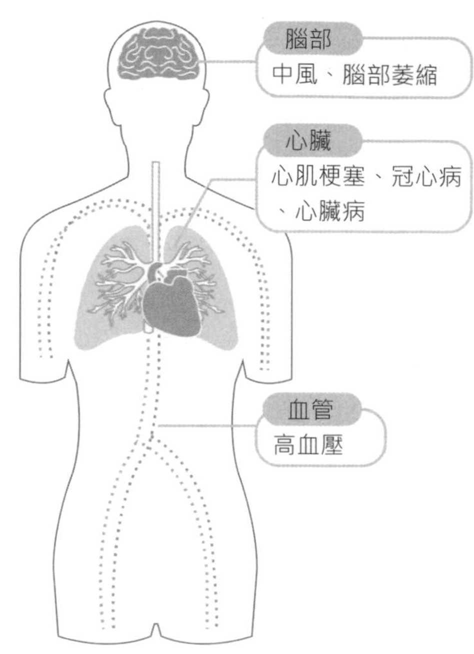

PM2.5從肺泡進入血液循環

血管	**血液**
刺激血管壁，導致血管內皮細胞受損，動脈內壁易造成粥狀沉積，血栓生成機率升高。	導致血液中過氧化物、游離自由基、促發炎因子濃度增加。
血管內壁受損、增厚 血栓生成機率升高。	血液內氧化壓力增高 慢性發炎。

空氣污染使大腦衰老加快

而常接觸 $PM_{2.5}$ 的大腦，則是老得快。

空氣中每立方公尺的 $PM_{2.5}$ 每增加二微克（μg），腦部萎縮機率就會增加〇．三二%，這相當於大腦約老化了一年。

研究人員還發現，長期暴露在 $PM_{2.5}$ 的環境下，由於阻塞了血管補給大腦的營養，導致不自覺型中風（silentstroke）的機率增加是四十六%。

這種中風形態因為「沒有症狀」，通常只能透過腦部掃描發現，然而卻會損害腦部結構、降低腦部認知功能，引發認知功能障礙與失智，而隨著狀況嚴重惡化，還可能導致中風。

由此看來，這小到看不見的 $PM_{2.5}$，已經讓你我的健康飽受威脅，危機重重。

---

❶ Brook RD, Rajagopalan S, Pope CA 3rd, Brook JR, Bhatnagar A, Diez-Roux AV, Holguin F, Hong Y, Luepker RV, Mittleman MA, Peters A, Siscovick D, Smith SC Jr, Whitsel L, Kaufman JD; on behalf of the American Heart Association Council on Epidemiology and Prevention, Council on the Kidney in Cardiovascular Disease, and Council on Nutrition, Physical Activity and Metabolism. Particulate Matter air pollution and cardiovascular disease: an update to the scientific statement from the American Heart Association. Circulation. 2010;121:2331–2378.

❷ 台灣癌症防治網「從一級致癌物 PM2.5 談空氣污染對人體的危害」。

❸ 美國密西根大學（University of Michigan）研究。Morishita, M., et al. 2014. Exploration of the composition and sources of urban fine particulate matter associated with same-day cardiovascular health effects in Dearborn, Michigan. Journal of Exposure Science and Environmental Exposure.

❹ 2007 Journal of Occupational and Environmental Medicine; American Journal of Respiratory and Critical Care Medicine.

PM2.5竟然會奪命！

PM2.5濃度升高，死亡率就會提高

既然PM2.5所造成的健康危害是全身性，所以當空氣污染變嚴重時，整體死亡率自然也會跟著上升。

已有許多研究發現PM2.5對族群死亡率所造成的影響，其中最著名的便是哈佛大學於一九七三年針對美國東岸六個城市進行的一項大型研究，這項研究根據全美各大城市地區的空氣污染指數，包括PM2.5濃度，臭氧濃度等，來比對六千多萬名使用健保（Medicaid）居民的死亡率。

結果發現，當地若平均PM2.5濃度每上升十微克／立方公尺，每居住一年，平均死亡率竟會提高十三・六％[1]，足見PM2.5對人類的危害有多大。

增加糖尿病發病率與死亡率

越來越多研究證實，PM2.5既然小到可以穿透肺泡，自然也可以自由穿透人體的細胞組織，而它在進入血液循環後，隨著血液跑遍全身，所以不只呼吸系統和心血管，肝、腎、神經、腸胃等全身各部位都可能受影響。

環保署與衛福部國健署、國衛院所進行的 PM2.5 慢性病追蹤也發現，PM2.5 會導致血壓上升，使孕婦增加妊娠毒血症風險。著名的研究期刊《糖尿病醫療》（Diabetes Care）在二〇一六年發表的研究也明確指出，PM2.5 空氣污染會影響胰島素的分泌及敏感性，導致第二型糖尿病的發病率及死亡率的增加❷，也會增加妊娠糖尿病風險。

讓肝炎、肝癌的風險大增

長期暴露於 PM2.5 也可能使肝臟發炎。研究也證實即使沒有慢性病毒性肝炎（B型、C型肝炎）、無抽菸喝酒習慣者，PM2.5 也會增加罹患肝癌風險。

PM2.5 對肝臟本來就不健康的人自然影響更大。陽明大學環境與職業衛生研究所追蹤兩萬多名B肝帶原者逾二十年，將肝功能指數GPT依檢驗值分為高（高於四十五單位）、中（十五到四十五單位）、低（低於十五單位）三組，結果發現 PM2.5 暴露量較高的人，肝癌的罹病率也會跟著增加，而且GPT指數高、中組的罹癌風險分別比低組高五．一七、二．四九倍，顯示肝臟發炎越嚴重，罹患肝癌的風險越高。

國外研究也發現，罹患肝癌若治療期間持續處在 PM2.5 濃度較高的環境，治療效果或預後也較差。

腎功能下降、慢性腎臟病等也脫不了關係

美國一項針對退伍軍人所進行的研究顯示，PM2.5 的暴露會加速腎功能下降❸。

中國一項為期十年的大型研究也指出，生

PM2.5 造成的健康危害是全身性的

從呼吸道→肺臟→血液，PM2.5 一路過關斬將，全身健康逐漸淪陷。

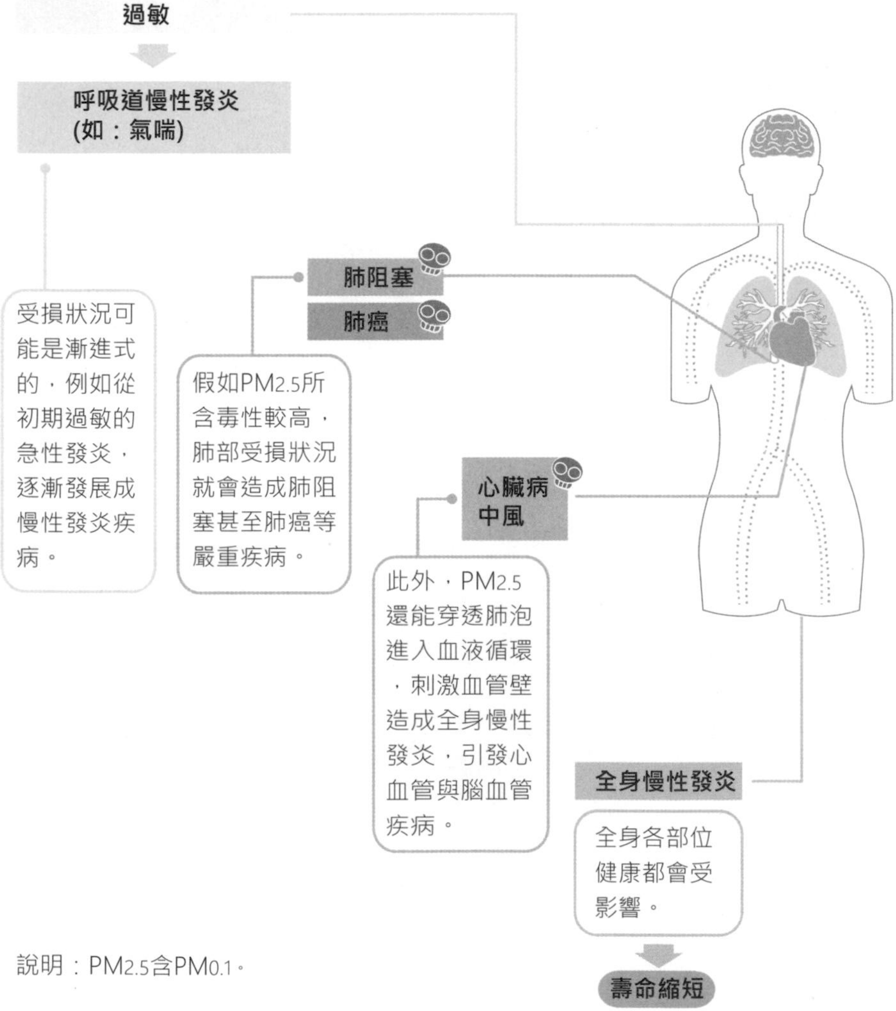

過敏

呼吸道慢性發炎
(如：氣喘)

受損狀況可能是漸進式的，例如從初期過敏的急性發炎，逐漸發展成慢性發炎疾病。

肺阻塞

肺癌

假如PM2.5所含毒性較高，肺部受損狀況就會造成肺阻塞甚至肺癌等嚴重疾病。

心臟病
中風

此外，PM2.5還能穿透肺泡進入血液循環，刺激血管壁造成全身慢性發炎，引發心血管與腦血管疾病。

全身慢性發炎

全身各部位健康都會受影響。

壽命縮短

說明：PM2.5含PM0.1。

活在環境$PM_{2.5}$大於七十微克／立方公尺的地區，三年平均$PM_{2.5}$暴露水準每升高十微克／立方公尺，罹患膜性腎病變（MN）的機率會升高十四％，顯示$PM_{2.5}$會增加慢性腎臟病的風險。

此外，$PM_{2.5}$還會提高洗腎患者的死亡率！根據林口長庚醫院臨床毒物科林杰樑醫師生前所參與的研究顯示，居住在$PM_{2.5}$濃度較高地區的洗腎患者，死亡率比居住在$PM_{2.5}$濃度較低地區的洗腎患者高了七十六％，這項研究已發表在國際期刊《公共科學圖書館期刊》（Public Library of Science，PLOS）。

影響新陳代謝，引發肥胖

中美一項聯合進行的動物研究[4]發現，$PM_{2.5}$影響心肺和代謝功能，不只傷身，還會讓身材變胖。這項研究將一群懷孕的實驗室小白鼠與它們的後代分為兩組，一組直接呼吸北京室外空氣，另一組則呼吸經過濾去除大部分霧霾顆粒的空氣。

結果發現，在飲食結構相同之下，呼吸污染空氣的小白鼠在十九天後的肺部和肝臟組織炎症更為嚴重，低密度膽固醇、三酸甘油酯、血清總膽固醇指標，以及胰島素抗性皆明顯較高，而且在孕期結束時明顯體重較重。

由此動物實驗可知，$PM_{2.5}$不僅會增加糖尿病、高血壓罹患風險，還會影響新陳代謝，導致「呼吸都會胖」的後果。

改變環境與生活習慣，多吃抗發炎營養好物

改變環境與生活習慣，是預防疾病的最好方式，但適當「補充軍糧」——人體所需的營養素，卻也是維持健康所必要的一環，舉例來說，目前 $PM_{2.5}$ 已知在進入人體後，主要是造成身體的慢性發炎。

所以，營養均衡才是養身健康之道，對阻擋 $PM_{2.5}$ 的攻勢會有一定的效果。

---

❶ The New England Journal of Medicine,NEJM.

❷ Ambient Air Pollutants Have Adverse Effects on Insulin and Glucose Homeostasis in Mexican Americans, Diabetes Care published ahead of print February 11, 2016, doi:10.2337/dc15-1795.

❸ Mehta AJ, et al. Long-term exposure to ambient fine particulate matter and renal function in older men: the VA Normative Aging Study. Environ Health Perspect 124(9):1353–1360 (2016), doi: 10.1289/ehp.1510269.

❹ 18 Feb 2016 美國杜克大學（Duke University）中美聯合研究簡報：「空氣污染增加肥胖風險」 https://doi.org/10.1096/fj.201500142

孕婦和兒童要特別小心PM2.5！

增加早產風險，影響新生兒的出生體重

由於PM2.5可能含有穿透力強的PM0.1，所以只要暴露在高濃度PM2.5環境下，無論時間長短都會影響健康，尤其是對孕婦與兒童的影響更為顯著。

根據澳洲布里斯班昆士蘭大學的漢森（C. Hansen）博士做過一項為期三年、多達兩萬八千兩百名新生兒產期的研究❶發現，懷孕期前三個月，只要暴露在懸浮微粒下，早產的機會將增加十五％。

而這項研究也發現，PM2.5會導致血壓上升，使孕婦罹患妊娠毒血症，增加妊娠風險。

不只如此，二〇一五年九月《環境與健康展望期刊》（Environmental Health Perspectives）研究❷還指出，孕期吸入PM2.5懸浮微粒會影響胎兒體重，使新生兒的出生體重下降，導致出生體重不足等問題。

PM2.5 首當其衝的族群

PM2.5 對健康的影響非常顯著，尤其孕婦和兒童最要當心。

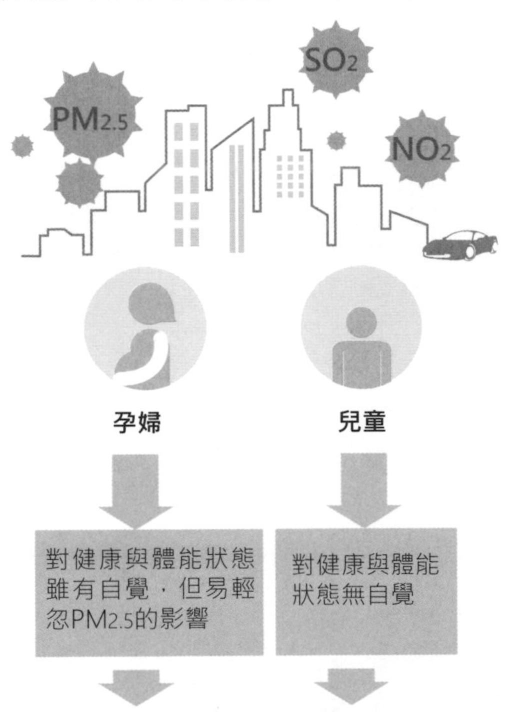

除了誘發孕婦、孩童出現各種過敏、氣喘（呼吸道慢性發炎）問題，以及增加呼吸道與心血管疾病的罹患機率外，還有許多你想不到的健康問題，其實都與PM2.5有關。

- 早產、流產
- 易罹患中耳炎
- 妊娠糖尿病
- 易罹患自閉症
- 妊娠高血壓
- 易罹患過動症
- 新生兒出生體重不足
- 學習力及記憶力較差
- 影響胎兒腦部發育

影響胎兒腦部發育，降低孩童智商

$PM_{2.5}$對胎兒腦部發育也有影響。孕期孕婦吸入太多汽車廢氣，胎兒出生後，與呼吸新鮮空氣孕婦生的孩子，出生後的智力會有明顯差距[3]。

二〇一六年發表的義大利前瞻性研究[4]也發現，如果母親在懷孕期間接受到較高的空氣污染物（含PM_{10}、$PM_{2.5}$、二氧化氮(NO_2))，暴露量增加十微克／立方公尺，當孩子成長到七歲時，其語文智商和語文理解智商將各減少一．四分。

另外，哥倫比亞大學二〇一六年發表一項長期研究發現，懷孕期生活於空氣污染物濃度較高地區的孕婦，所生下的孩子到了九歲、十一歲時，情緒自我調節能力（DESR）與社會能力（social competence）都明顯較差[5]，容易出現焦慮、沮喪情緒，以及攻擊性行為和注意力不集中過動等問題。

增加兒童罹患中耳炎的機率

懸浮微粒$PM_{2.5}$還可能使孩子得中耳炎的機率增加。

有一項針對三千七百名兩歲的荷蘭兒童和六百五十名德國兒童的跨國研究[6]發現，兩地兒童的罹患中耳炎機率，皆會隨著戶外空氣懸浮微粒的濃度上升而提高。

中耳炎是嬰幼兒及兒童很常見的一個疾病，假如反覆發作，嚴重的話，還會導致孩童聽力受損。

不同年齡層兒童 VS. 成人每分鐘正常呼吸次數

平均的呼吸次數						
年齡	新生兒(出生-28日)	嬰兒(1歲以下)	幼兒(1-3歲)	學前兒童(3-6歲)	學齡兒童(6-12歲)	成人
呼吸次數(每分鐘)	30-40	20-40	20-35	20-30	15-25	12-20

嬰幼兒與兒童每天的呼吸次數比成人每天多了近兩倍，更容易受空氣品質的影響！

增加罹患過動症的機率

近年來，罹患注意力缺失過動症（ADHD）的孩童越來越多，PM2.5更被直指為元凶之一。早在二〇一一年發表的一項德國研究[7]就指出，孩子接觸菸害，會提升不專心、過動的機率。

而美國辛辛那提兒童醫院醫療中心在二〇一三年發表的大型前瞻研究更發現，出生第一年接觸較多交通相關空氣污染物（TRAP）的嬰兒，長大後（七歲）出現過動的機率較高，而且跟暴露量小於〇．四微克／立方公尺的兒童相比，暴露高的兒童出現過動的機率可高達七十％以上[8]。

影響注意力、學習力及記憶力

值得注意的是，由於嬰幼兒與兒童每天的呼吸次數比成人每天多了近兩倍（成人每分鐘呼吸約十二至二十次，嬰兒每分鐘呼吸約二十至四十五次），再加上孩童的身高與車輛廢氣排放的位置相當，更容易吸入車輛廢氣，所以和成人相比，更容易受到PM2.5空氣污染的傷害，務必更加小心才行。

曾有大型研究針對西班牙巴塞隆納國小學童調查發現，在空氣污染較嚴重的地區成長的孩子，注意力平均下降十九・二％，學習及語文記憶能力平均下降三・四％。

---

❶ British Journal of Obstetrics and Gynaecology , September 2006.

❷ 二〇一五年九月《環境與健康展望期刊》（Environmental Health Perspectives）。

❸《環境與健康展望期刊》（Environmental Health Perspectives）。

❹ 所謂的「前瞻性研究（prospective study）」是一種時間縱向的研究，重點在觀察一組人群隨著時間推移，其中某些特定因素（例如空氣污染物濃度）的不同會如何影響某一結果（例如情緒調節能力）的發生。

❺ Child Psychol Psychiatr，57 ： 851-860。DOI ： 10.1111 / jcpp.12548.

❻ 二〇〇六年《環境與健康展望期刊》（Environmental Health Perspectives）。

❼ 2013. Traffic-Related Air Pollution Exposure in the First Year of Life and Behavioral Scores at 7 Years of Age. Environ Health Perspect 121:731–736; DOI ： 10.1289 / ehp.1205555.

❽ 發表於二〇一五年《公共衛生流行病雜誌》（PLOSOne）。

小講堂

室內菸害殺傷力，比PM2.5更恐怖！

PM2.5成分大不同，人為產出毒性大

空氣中的致癌物並不只有PM2.5，「空氣污染的毒性＝PM2.5的毒性＋其他懸浮微粒的毒性＋其他空氣污染物的毒性」，「抽菸行為」不過是眾多產出PM2.5的「人類行為」之一。

但若是從個人健康的角度出發，只探究PM2.5的濃度並不夠，還得深入了解成分才行，因為同樣都是PM2.5，殺傷力未必一樣。

例如海水飛濺所揚起的海鹽微粒，和煉鋼廠、火力發電廠所排放的重金屬鹽類，或是抽菸所產生含尼古丁、焦油的PM2.5，毒性就大大不同。

我們都知道最好不要住在煉鋼廠、火力發電廠或金屬冶煉廠的下風處，因為這些地方的PM2.5不僅濃度高，而且毒性也高。

那麼同樣的道理，我們更該知道抽菸的可怕，當你點燃一根菸，吞雲吐霧同時，就等於是將自己置身於高濃度的毒氣之中。

三手菸含有十一種高度致癌物

香菸在燃燒時會產生尼古丁、焦油、一氧化碳等有毒化合物，其中部分被吸入人體內，部分散播於空氣中，已有很充足的研究顯示，人類十大主要死亡原因，包括癌症、腦血管疾病、心臟疾病、呼吸系統疾病等，都和吸菸有重大關係。

這種狀況到了空氣較不流通的室內更為

嚴重！兒福聯盟與董氏基金會聯手實測也發現，一個設在嬰幼兒用品、玩具、遊戲區樓層的「購物中心的吸菸室」，PM2.5可高達八百八十八微克／立方公尺。

除了二手菸，我們還面對著「三手菸」的PM2.5威脅❶。所謂的「三手菸」，就是菸熄滅後在環境中殘留的污染物。

尼古丁會與空氣中的亞硝酸、臭氧等化合物發生化學反應，產生更強的新毒物（如亞硝胺等致癌物）並黏著在衣服、家具、窗簾或地毯上❷。

而且三手菸殘留在環境中的毒性微粒，至少有十一種高度致癌化合物，包括氰化氫、甲苯、砷、鉛、一氧化碳，甚至還包括具高度放射性的致癌物質釙二一〇等❸。

由此可見就算你開窗、開風扇來驅散菸味，或是到戶外吸菸並等身上菸味消散都沒用，因為菸草有害物質早已穩穩占據屋子裡，並緊緊黏在你身上！

---

❶ Becquemin MH, Bertholon JF, Bentayeb M, et al. Third-hand smoking: indoor measurements of concentration and sizes of cigarette smoke particles after resuspension. Tobacco Control. 2010;19(4):347-348. doi:10.1136/tc.2009.034694.

❷ 英國《突變》（Mutagenesis）學期刊研究。

❸ 小兒科期刊《兒科學》（Pediatrics）。Beliefs about the health effects of "thirdhand" smoke and home smoking bans. By: Winickoff JP, Friebely J, Tanski SE, Sherrod C, Matt GE, Hovell MF, McMillen RC. Pediatrics 2009;123:e74-e79.

一人抽菸、全家受害

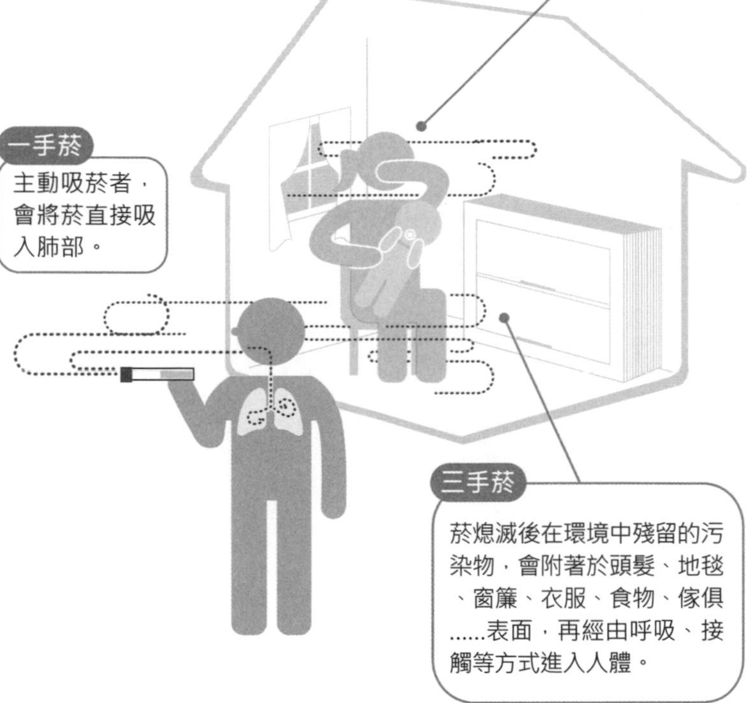
二手菸
由吸菸者呼出的煙霧（即主流菸），以及燃燒香煙所產生（分流煙）的煙霧，因燃燒不完全，分流菸毒性反而比一手菸高。
一手菸
主動吸菸者，會將菸直接吸入肺部。
三手菸
菸熄滅後在環境中殘留的污染物，會附著於頭髮、地毯、窗簾、衣服、食物、傢俱……表面，再經由呼吸、接觸等方式進入人體。

第4章

面對 PM2.5 的自救行動

避開 PM2.5 危害很簡單，養成出門時查看空氣品質的習慣，當紅或紫色時非必要不外出、褐色時最好在家避難。改搭乘大眾交通工具，改變煮菜和拜拜習慣、戒掉抽菸嗜好、多種樹、多種小盆栽、善用空氣清淨機，都是為地球、為自己增加清新空氣的好方法。

出門看天氣，還要看空氣

養成查詢空氣品質好習慣

簡單說來，空氣污染物在空氣中會經過「排放」、「傳輸」、「暴露」三個階段，只要從其中一個階段阻斷，就可以顯著減少髒空氣對我們造成的影響。

對一般民眾來說，減少暴露、減少接觸到污染物，是最入門的自保之道。而自我保護第一步，便是隨時掌握空氣品質資訊，了解即時空氣品質狀況來判斷需要的防護措施。

目前已有相當多種即時空氣品質資訊可以提供查詢。本章將介紹其中幾個介面簡潔、便於你我查詢的即時空氣品質監測平台：

1 行政院環境保護署空氣品質監測網（電腦網頁版）

- 網址：https://taqm.epa.gov.tw/taqm/tw/default.aspx

- 可查詢AQI以及各項指標污染物的濃度，空氣污染物濃度來自空氣品質監測站。可以查看的空污數據：AQI、臭氧(O_3)、細懸浮微粒($PM_{2.5}$)、懸浮微粒(PM_{10})、一氧化碳(CO)、二氧化硫(SO_2)、二氧化氮(NO_2)。

行政院環境保護署空氣品質監測網

健康影響與活動建議

發布時間：2018/04/09 14:00
空氣品質指標(AQI)

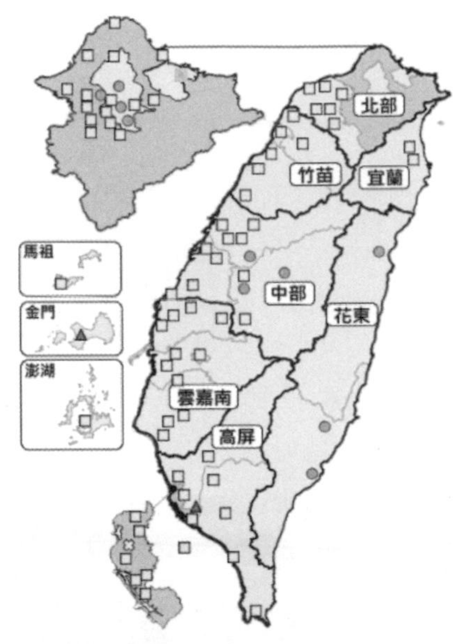

良好	普通	對敏感族群不健康	對所有族群不健康	非常不健康	危害
0~50	51~100	101~150	151~200	201~300	301~500

設備維護(測站例行維護、儀器異常維修、監測數據不足)

請點擊左方測站位置或
所屬單位：環保署 ▼
地區：北部 ▼ > 基隆 ▼ 查詢

發布時間：2018-04-09 14:00:00

基隆 (一般站) (分鐘值)

AQI 空氣品質指標		44 良好
O_3 (ppb) 臭氧	8小時移動平均	47
	小時濃度	55
$PM_{2.5}$ (μg/m^3) 細懸浮微粒	移動平均	13
	小時濃度	12
PM_{10} (μg/m^3) 懸浮微粒	移動平均	29
	小時濃度	33
CO (ppm) 一氧化碳	8小時移動平均	0.30
	小時濃度	0.22
SO_2(ppb) 二氧化硫	小時濃度	1.5
NO_2(ppb) 二氧化氮	小時濃度	5.8

單位：1.μg/m^3，微克/立方公尺
2.ppb，十億分之一
3.ppm，百萬分之一

◎：指標污染物

ND：未檢出(表示數據低於偵測極限2 微克/立方公尺)

PM_{10}、$PM_{2.5}$移動平均值計算方式：0.5 × 前12小時平均 + 0.5 × 前4小時平均（前4小時2筆有效，前12小時6筆有效）

O_3 8小時移動平均值計算方式：取最近連續8小時移動平均值（4筆有效）

圖片來源：行政院環境保護署「空氣品質監測網」

2. 環境即時通（行動APP）

● 可查詢附近監測站的AQI與指標污染物濃度，空氣污染物濃度來自空氣品質監測站。可以查看的空污數據：AQI、O_3、$PM_{2.5}$、PM_{10}、CO、SO_2、NO_2。

Android

iOS

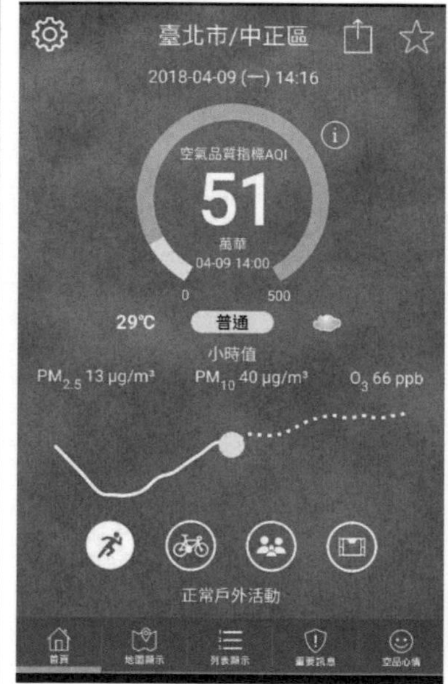

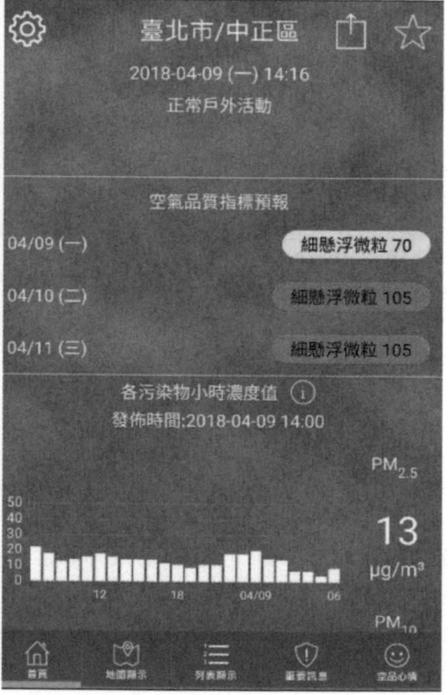

環境即時通 APP 介面清楚好操作。

3. EdiGreen（行動APP）

- 空氣污染物濃度來自微型感測器及空氣品質監測站。可以查看的空污數據：AQI、$PM_{2.5}$。

EdiGreen APP 以地圖方式呈現空污數據。

4. G0V 零時空污觀測網（電腦網頁版）

- 網址：https://airmap.g0v.asper.tw/v5/#/map
- 空氣污染物濃度來自微型感測器及空氣品質監測站。可以查看的空污數據：AQI、$PM_{2.5}$。

G0V 零時空污觀測網以視覺化的方式呈現，方便掌握空污狀況。

5. AirVisual（行動APP）

- 提供七天的空氣品質預報，空氣污染物濃度來自微型感測器及空氣品質監測站。可以查看的空污數據：AQI、$PM_{2.5}$、PM_{10}、O_3、一CO、CO_2、SO_2、NO_2。

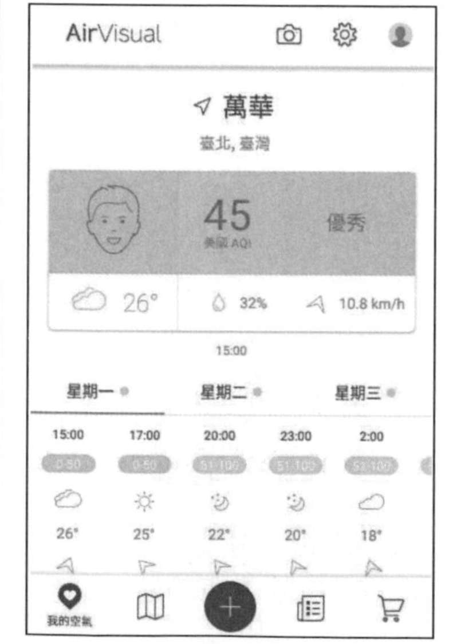

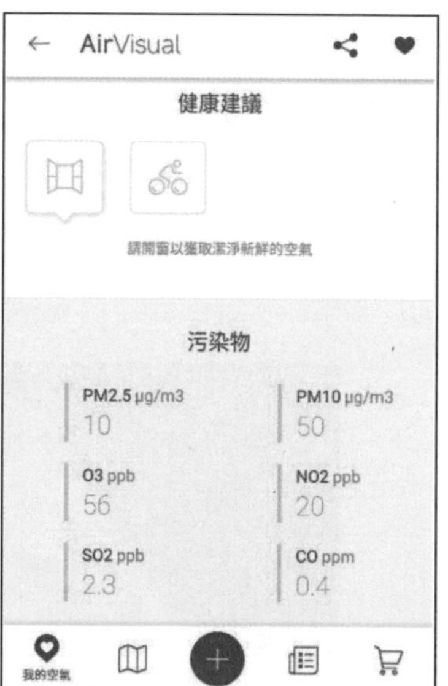

AirVisual APP 整合空氣品質、天氣預報、溫度、濕度。

紅、紫、褐是空污危險示警，盡量少出門

多數環境即時ＡＰＰ除了提供監測數據之外，還會以顏色將空氣污染由低到高分級為綠、黃、橘、紅、紫、褐。

「褐色」等級是空污最危險等級，二〇一八年四月六日晚間至七日清晨在雲林臺西首次出現「褐色」，這也是行政院環境保護署從二〇一六年改制為ＡＱＩ以來首次測站出現「褐色」等級。主要原因是受到大陸甘肅、內蒙一帶沙塵暴抵台的影響，加上臨海的雲林臺西當地風速大，造成地面揚塵使得空氣污染十分嚴重，這種情況建議最好不要出門！

基本上，看到綠色、黃色都可以正常戶外活動；當空氣品質出現橘色時，容易過敏的人就得注意了；而當ＡＰＰ中出現紅、紫、褐色時，健康的人也要依據ＡＱＩ建議調整戶外活動。

了解空污，才能輕鬆抗 $PM_{2.5}$

「知己知彼，百戰不殆」，在抗空污之前先透過行政院環境保護署的空氣品質監測網、環境資訊中心網站、國家衛生研究院網頁，以及相關科普書籍等管道，了解空氣污染的成因及原理，我們心中對於各界的空污觀點爭議，甚至是市面上各種宣稱防範空氣污染的產品等，就會有自己的看法與評斷。

除此之外，更可以積極向政府提出有效的建議，務實的改善空氣品質。而在改變發生之前，平時生活也可以從空氣品質的ＡＰＰ隨時掌握資訊，做出最即時自我保護。

空污數據背後的科學判讀

許多電視台在播報天氣時，已將全台各地的空氣品質數值納入播報的項目之中。本章前面已介紹許多查詢空氣品質的APP，可以幫助大家外出時，甚至是南來北往時，隨時掌握空氣品質。

三種空污指標數據的科學分析

但不管是用哪種APP查詢空氣品質，都和監測數據的判讀與數據來源有很直接的關聯。相信大家會很好奇，這些空氣品質監測數據是從何而來？又是怎麼解讀的呢？在此，就為各位簡單扼要地介紹。

目前在台灣，空氣品質的數據有三種來源，包含：行政院環境保護署的空氣品質監測站、微型感測器（也稱為空氣盒子），以及衛星遙測影像分析。

◆空氣品質監測站

環保署空氣品質監測站的 $PM_{2.5}$ 手動監測，是以慣性法先分離出 $PM_{2.5}$，再利用濾紙收集 $PM_{2.5}$ 後稱重而得。而自動的 $PM_{2.5}$ 監測是以貝他射線衰減法❶為之，原理是當空氣樣品通過濾紙時，濾紙會因收集了空氣中的 $PM_{2.5}$，而吸收貝他射線以致強度衰減，再由衰減程度推算出 $PM_{2.5}$ 的濃度（見一百五十五頁表）。

監測站與微型感測器差異

	空氣品質監測站	微型感測器
建置目標	提供準確的空氣品質資訊。	增加監測點密度，提供污染源分析。
監測項目	**污染物：**二氧化氮、二氧化硫、臭氧、一氧化碳、PM_{10}、$PM_{2.5}$。 **氣象：**溫度、濕度、風速、雨水pH值。	**污染物：**PM_{10}、$PM_{2.5}$ **氣象：**溫度、濕度。
監測方式	**手動：**以慣性分離PM粒徑，並蒐集秤重。 **自動：**濾紙蒐集後以貝他射線強度的衰減分析濃度，再校正為手動數據。	以光散射原理量測不同大小的懸浮微粒數量，再轉換為PM2.5質量單位。
粒徑定義	**氣動粒徑：** ● 將懸浮微粒粒徑以運動特性類比為具有相同特性的單位密度圓球粒徑。 ● 現今健康風險研究、標準檢測方法皆以此定義微粒尺寸。	**光學粒徑：** ● 雷射光照射顆粒所測定的粒徑。 ● 表面粗糙度、水分、吸光度會影響粒徑測定。 ● 尚未建立與健康風險的關聯性。
數據更新頻率	**自動監測：**每小時更新一次小時平均值。 **手動監測：**三天採樣一次。	每分鐘一筆。
使用限制	● 建置成本高 ● 分布密度較低，較難追蹤空氣污染來源。 ● 數據更新頻率較低。 ● 自動監測數據需定期校正。 ● 操作使用需專業訓練。 ● 設置地點有高度及遮蔽物限制，與民眾生活的區域不同。	● 光學粒徑與氣動粒徑換算具有誤差。 ● 長時間使用後光源易受灰塵覆蓋失去作用。 ● 測值容易受干擾因子(如濕度等)影響。 ● 測得數據變動範圍大，測值與標準測站測值間的差異也可能是數倍以上。 ● 數據無法代表真實空氣品質、感測器品質不一。

◆衛星遙測影像分析

衛星遙測影像分析是針對$PM_{2.5}$的光學性質而換算得出濃度，將影像的不透光度以數學模式換算成$PM_{2.5}$濃度。

◆微型感測器

根據環保署空氣品質監測網，微型感測器主要是利用光學散射原理來感測$PM_{2.5}$。首先將空氣中微粒導入光學散射原理的感測區域，在未經粒徑篩選方式下，以光學方式（光散射原理）量測不同粒徑微粒數量，再經轉換為$PM_{2.5}$質量濃度。

當光線照射到微粒表面，會有反射、散射等效應，這些效益會因微粒粒徑、形狀及表面粗糙情形而不同，同時也與光的波長有關。而當微粒含有吸水成分（例如硫酸鹽、硝酸鹽等），微粒外形、粒徑會因吸收空氣中水分而改變，進而影響測定結果。

微型感測器的空污數據解讀方式

當我們打開以微型感測器為數據基礎的APP時，會看到密密麻麻的數字與顏色，仔細去看每一個數字是沒有意義的。因為微型感測器容易受到鄰近地區環境的影響，而偵測到異常高的數據，影響判斷空污程度。那究竟要怎麼解讀這些數據呢？

建議在看數據的時候，不宜只看所在位置最近的微型感測器數據，要將目標周遭範圍的數據一起看，並排除掉一些異常高或異常低的結果，才能了解當下的空氣品質是否有受到污染。因為微型感測器無法顯示當地是否還發生其他種類的空氣污染，所以解讀時容易出現盲點。

以 G0V、Airvisual、EdiGreen 等平台的空氣品質數據，只能查詢到 $PM_{2.5}$。數據有許多是來自微型感測器。微型感測器的好處是分布可以非常密集，但其測定結果的精密度與準確度不佳。目前世界各國都還是以監測站為基準，進行 $PM_{2.5}$ 監測。微型感測器多半僅作為輔助之用。

多多觀察，較能正確判讀

若將微型感測器和行政院環境保護署的空氣品質監測站兩相比較，會發現有時在相同區域內，微型感測器的檢測數據比空氣品質監測站要來的高，這是微型感測器沒有 $PM_{2.5}$ 氣膠流的除濕設備，且分布位置較低，容易受人的活動影響所致。

微型感測器只要有人抽菸或點香，就會讓數據爆表，因此從事戶外活動時，如果參考在以微型感測器為基礎的APP數據時，不妨納入周遭多個測站觀察整體趨勢，比較能正確判定現在的空氣品質喔。

❶「貝他射線衰減法」是以帶狀的濾紙蒐集 $PM_{2.5}$ 後，以貝他射線照射濾紙後，會由於顆粒阻擋的緣故使射線能量衰減，再根據其微粒濃度與輻射強度衰減比率關係由儀器讀出濃度。但目前 $PM_{2.5}$ 監測的標準方法是手動檢測方法，因此自動監測數據還須以公式轉換才可與空氣品質標準比較。

一分鐘教你判斷空氣品質

沒有3C工具，如何收集空污情報？

空氣品質隨時都在變化。可能早上出門時空氣清新、晴空萬里，中午出門吃個飯就感到眼睛乾澀、噴嚏一個接一個，只能趕快躲進室內。

空氣突然變髒有非常多的原因，例如：廟宇燃放鞭炮煙火、露天燃燒稻草、營建工地或道路施工的揚塵等（工地工程減污措施請見八十八頁）。

對於許多過敏的族群而言，只要吸到一口髒空氣就會打一個下午的噴嚏。因此，在離開室內之前，掌握空氣品質是非常重要的。

當空氣品質監測站數據不夠即時，手上又沒有工具的狀況下，我們可以怎麼隨時掌握空氣品質呢？

這時候可以在窗邊抬起頭，選一個明顯的建築，例如：把台北一〇一當作標的看過去，如果在晴朗無雲的天氣，看起來卻白茫茫的，建議出門前就把口罩戴好，盡量不要騎單車，改搭大眾交通工具吧。

為什麼看向遠方建築就可以知道空氣品質呢？這是因為在一般我們生活的地區裡，$PM_{2.5}$經常是主要的空氣污染物，這些微小的懸浮微粒可以將光線分散，使得遠方的

利用遠方建築判斷空氣品質

當空氣品質惡化時，原本明顯的遠方建築物會被髒空氣遮蔽，就像消失一樣。

景象變得灰濛濛看不清楚，就像矇了一層霧般。

工業重鎮的高雄，甚至出現過完全看不見最高地標八五大樓的情況，消失在 PM2.5 空污當中。

從空氣中濕度來判斷，是霧還是霾

一般而言，當空氣越髒的時候，我們肉眼可以清楚看到的範圍就會越小。但別忘了大氣中的水氣，也會形成霧氣降低能見度的。究竟看到的是霧？還是霾？可以從當下的濕度來初步判斷。

最簡單的方法，如果窗外下起了雨，我們眼前看到的白霧就很有可能是水氣形成的霧；但若是陽光強烈，卻看不清遠方就很有可能是 PM2.5 所造成的空氣污染。

利用路燈判斷空氣品質

空氣乾淨的路燈。　　空氣髒的路燈。

從路燈判斷是否有 PM2.5

如果是晚上，則可以看路燈來做初步判斷。路燈照出來的光，也會受到 PM2.5 的散射，當空氣比較髒的時候，就可以看到路燈的周遭圍繞著一圈光暈。

若光暈越明顯，範圍越大，就代表空氣品質越差，盡快戴上口罩，並進入室內保護自己的身體健康吧。

室內空氣不一定比室外乾淨

都市人絕大多數的時間都在室內，包含住家、辦公室、咖啡廳等❶。而室內的空氣中卻更常見各種污染物，影響我們的健康、工作效率。

一氧化碳危及健康、二氧化碳讓人想睡

想知道室內的空氣品質，坊間有多種檢測儀器可以偵測，可以偵測包含一氧化碳、二氧化碳、甲醛、揮發性有機化合物、PM2.5、臭氧等污染物。其中，一般在家庭及辦公室，需要注意的，包括一氧化碳、二氧化碳、甲醛、揮發性有機化合物以及PM2.5。

一氧化碳會搶占紅血球，讓人產生缺氧的狀況，濃度過高時會有中毒的立即性危險。

二氧化碳則是作為室內換氣的指標，因為我們呼吸就會吐出二氧化碳，若室內換氣不足，自然就會讓二氧化碳濃度上升，濃度接近一千ppm時，會讓人有昏昏欲睡的感覺。

裝潢建材裝潢建材釋出甲醛，恐長期滯留室內

甲醛則與室內裝潢有很大的關聯，因為家具製作時常會使用含甲醛黏著劑來拼合物件，或是黏上裝飾性的外皮，在新房子剛裝

潢時經常能夠聞到甲醛，許多人以為這是新房子獨特的味道，卻不知它對健康危害很大。

雖然開窗一陣子後聞不出味道，但事實上，裝潢或家具中的甲醛成分並未全部逸散，釋放期長達三到十五年。

甲醛是揮發性有機化合物（VOCs）的一種，揮發性有機化合物（VOCs）除了與裝潢、油漆有很大關係，平常在家裡的炒菜油煙也是很重要的來源，除了甲醛以外，多環芳香烴、丙烯醛也會對健康造成危害。

雖然，在室內空氣污染物當中，PM2.5 不算是主要污染物，但需要注意的是，室內的 PM2.5 有時反而會高於戶外。

除了受使用的建材與通風狀況影響以外，也和我們日常打掃、煮飯炒菜、燒香、抽菸等習慣有關，因為這些都是室內 PM2.5 的來源。

煮菜方式決定家中 PM2.5 的多寡

許多人喜歡用煎、炒、炸的方式烹調料理，這些烹調方式很容易產生由 PM2.5 構成的白色油煙，在未開抽油煙機的情況下，最高可能使室內的 PM2.5 達到近千微克／立方公尺。

即使開了抽油煙機，最靠近鍋子的主廚還是有吸到 PM2.5 的風險。因此，煮飯烹飪時除了抽油煙機一定要開以外，多用蒸、煮的方式，也可以有效降低 PM2.5。

一手、二手及三手菸，都是傷身的毒空氣

當室內有人吸菸時，吐出的二手菸最高可以讓室內 PM2.5 達到約一萬多微克／立方公尺，而且二手菸會吸附在家具、裝潢，持續釋放出三手菸❷。

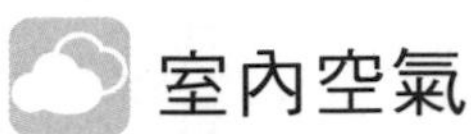

室內空氣品質標準

項目	標準值		單位
二氧化碳（CO_2）	8小時值	1000	ppm（體積濃度百萬分之一）
一氧化碳（CO）	8小時值	9	ppm（體積濃度百萬分之一）
甲醛（HCHO）	1小時值	0.08	ppm（體積濃度百萬分之一）
總揮發性有機化合物(TVOC，包含：十二種揮發性有機物之總和)	1小時值	0.56	ppm（體積濃度百萬分之一）
細菌(Bacteria)	最高值	1500	CFU/m^3（菌落數/立方公尺）
真菌(Fungi)	最高值	1000(但真菌濃度室內外比值小於等於1.3者，不在此限。)	CFU/m^3（菌落數/立方公尺）
PM_{10}	24小時值	75	$\mu g/m^3$（微克/立方公尺）
$PM_{2.5}$	24小時值	35	$\mu g/m^3$（微克/立方公尺）
臭氧（O_3）	8小時值	0.06	ppm（體積濃度百萬分之一）

資料來源：行政院環境保護署 https：//goo.gl/b4whFy

若家中有小孩、老人生活在這樣的環境，呼吸道相關的疾病都會顯著的增加。因此，室內禁菸的觀念必須落實在家中，才能保障自己與家人的健康（見左頁）。

焚香拜拜 PM2.5 飆高恐致癌

不少人家中會設神龕祭拜祖先及神明，但在燒香的時候，使用便宜的化學香，除了可能使家裡 PM2.5 飆高到數百微克／立方公尺❸，也會產生甲醛、揮發性有機化合物、亞硝酸等氣體污染物，讓室內的空氣變得更糟。

建議減少燒香的數量，改採用鮮花素果禮佛或祭拜（見九十六頁）。

家中灰塵也是 PM2.5 髒空氣的成員之一

一個空間內有許多的東西組成了灰塵，像是人的皮屑、頭髮、衣服棉絮、香灰、小蟲子的屍體、真菌孢子、沙粒等不勝枚舉。這些灰塵有一定的比例是小於二．五微克／立方公尺的 PM2.5，在經過一段時間後會累積在室內，走路以及打掃時，灰塵就會被揚起，因而吸進肺部。

這也是為什麼打掃時很多人會過敏打噴嚏。打掃會吸到 PM2.5，難道就不打掃嗎？不！反而要更努力的打掃，讓灰塵沒辦法累積，這樣才可以在家裡舒服的活動（見一百九十頁）。

由於我們每天待在室內的時間，相對戶外來得更長，這些日常行為所造成的空氣污染問題，其實比想像中高出許多。

造成室內空氣污染的NG例子

小心！空氣污染可能就在你不以為意的日常行為中。

因此，在戶外空氣品質較佳的情況下，家中經常保持通風、勤加打掃、煮飯開啟抽油煙機、禁止屋內抽菸、祭拜改用鮮花水果等，都可以有效的改善家中的空氣。

當外界 $PM_{2.5}$ 濃度很高的時候，關起窗戶，室內就是我們最後的避難所；但要是連室內的空氣品質都不好了，還可以躲到哪裡呢？就讓我們一起養成好習慣，改善家裡的空氣品質吧（見一百八十八頁）！

---

❶ 行政院環境保護署 https://goo.gl/3XCBKg

❷ Becquemin MH, Bertholon JF, Bentayeb M, et al. Third-hand smoking: indoor measurements of concentration and sizes of cigarette smoke particles after resuspension. Tobacco Control. 2010;19(4):347-348. doi:10.1136/tc.2009.034694.

❸ 行政院環境保護署「認識細懸浮微粒」。

用對空氣清淨機，有助減少PM2.5

隨著越來越多人重視空污對健康的影響，坊間也出現越來越多樣式的空氣清淨設備。

以目前的技術，能確實去除PM2.5的，就只有高微粒捕捉效率的HEPA（High-Efficiency Particulate Air）濾網或是靜電集塵這兩種類型。

HEPA濾網可攔截PM2.5

HEPA型空氣清淨機是透過HEPA濾網，將空氣中的顆粒，攔截在錯綜複雜的纖維上，來達到淨化空氣的目的，因此在使用一段時日後，纖維間的孔隙很容易被微粒堵住，也會導致濾網壓力過大產生破洞，以及滋生黴菌等問題，使空氣清淨機的效率大幅下降，甚至有可能讓空氣變得更糟。

因此，在使用HEPA型空氣清淨機時，每隔一段時間更換濾網是非常重要的功課。

美國和歐盟對於HEPA濾網的標準略有不同，但這個過濾標準都是指「剛啟用」濾網時的過濾效率。至於多久就該替換？就得看自身的使用習慣，以及周遭的PM2.5污染狀況而定了。

HEPA 濾網標準

地區	標準
美國	0.3微米（μm）以上的懸浮微粒過濾99.97%以上
歐盟	0.01~0.02微米以上的懸浮微粒去除99.95%

HEPA 濾網運作的方式

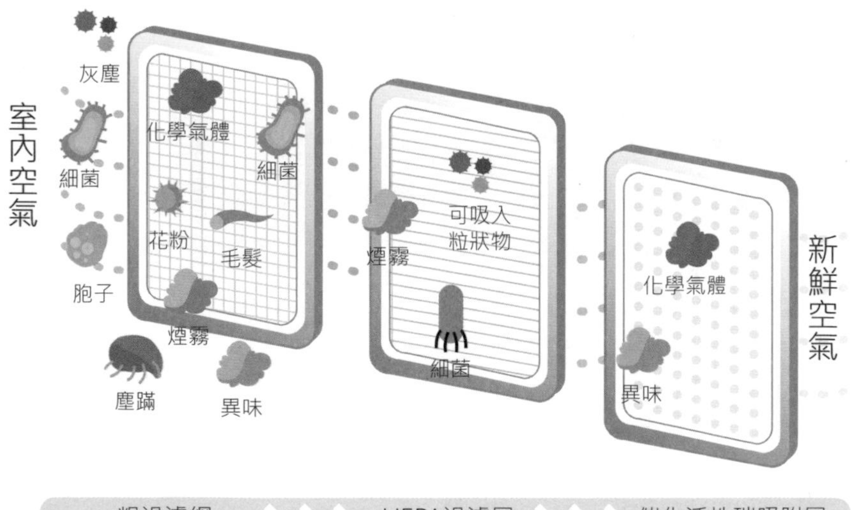

資料來源：CENT　https://goo.gl/HW1CKy

靜電除塵是以集塵板去除 PM2.5

靜電除塵型空氣清淨設備，是使用異性電荷相吸的原理，將附著帶電分子的 PM2.5 吸引到帶電金屬板上去除。這種去除方式對越小的顆粒效果越好，單次最高去除效率約可高達九十五％。

但因為過程中容易產生臭氧，在選這種類型的空氣清淨機時，要特別選用低臭氧的靜電空氣清淨機，並注意試用時有沒有聞到異味。

靜電集塵型雖然不用更換濾網，但集塵板在使用一段時間後，若已經蒐集了過多的微粒，也會影響空氣清淨效率，甚至有可能把原本收集的 PM2.5 又吹出來，造成二次污染。因此，每隔幾星期就須將集塵板用水洗乾淨，以維持去除 PM2.5 的效率❶。

靜電除塵運作的方式

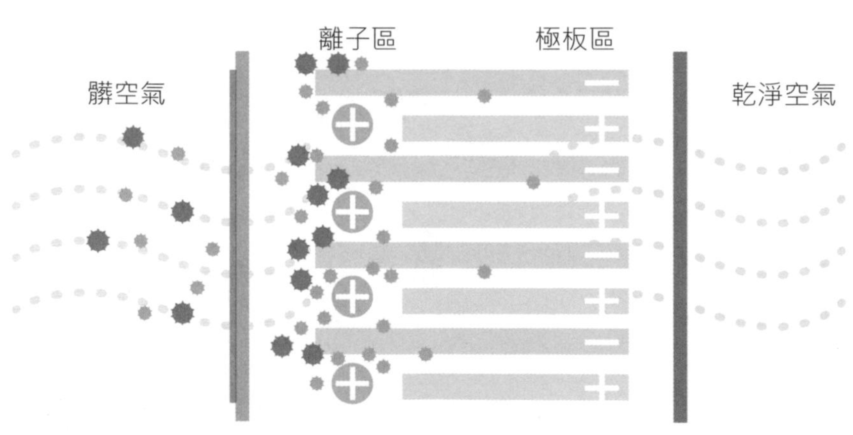

HEPA 型與靜電集塵型空氣清淨機比較

	HEPA	靜電集塵
清淨空氣輸出率 (CADR)	相近	相近
過濾效率	由高漸低	穩定
噪音	強	弱
機器花費	較低	較高
耗材花費	較高	較低
維護方式	更換濾網	清洗集塵板
維護週期	半年至一年	數周
可能二次污染	黴菌生長	臭氧、吸附粉塵脫落、收集的PM2.5被吹出

說明：與HEPA型相比，靜電集塵型可以減少購買耗材的花費，但設備本身價格較為昂貴。

資料來源：US EPA, Evaluation of In-Room Particulate Matter Air Devices, 2008

使用空氣清淨機與適度開窗通風要兼顧

多數人在挑選空氣清淨機時，會認為功能越多越好，其實是錯誤的觀念。

許多強調搭配光觸媒、紫外線、臭氧等功能，但對於削減 PM2.5 並沒有效果。此外，要特別注意，不論是哪一種空氣清淨機，都沒辦法除去「二氧化碳」。

因此，即使室內開啟空氣清淨機，還是要每隔一段時間打開窗戶通風，避免室內二氧化碳濃度過高，造成身體不適。

PM2.5 小百科　什麼是CADR值？

在評估一台空氣清淨機的時候，除了功能性以外，最重要的標準就是美國訂定的CADR值（Clean Air Delivery Rate，清淨空氣輸出率）❷，這個數值所代表的是在一小時內乾淨空氣產出的體積。一般來說，CADR值越高的空氣清淨機，可以用較快的速度將室內空氣置換成乾淨的空氣，但相對的風扇的噪音也可能比較大。

❶ US EPA, Evaluation of In-Room Particulate Matter Air Devices, 2008

❷ 美國家電協會　https://goo.gl/J9WsAe

口罩戴出門，就不怕PM2.5毒害?!

口罩政府出面把關，分四級抗PM2.5

看到外面空氣灰濛濛，戴上口罩才出門已經是生活常識，但PM2.5顆粒這麼小，戴口罩真的有用嗎？

其實，口罩過濾PM2.5不是以孔洞大小來過濾，而是PM2.5通過口罩時因為撞擊及擴散機制到纖維上，以及纖維本身帶靜電會吸引PM2.5附著在纖維上。

市面上宣稱抗霾、防霾功能的口罩非常多，經濟部在二〇一七年已經公告了口罩檢測的標準方法（CNS15980口罩）。把口罩的能力分為A、B、C、D共四個等級。

想阻擋PM2.5，使用口罩要注意

知道觀察口罩究竟有無阻隔PM2.5的作用，除了看有無「通過CNS 15980」標示外，也可以從以下兩點說明。

一、口罩的密合度也很重要，立體剪裁的口罩通常比較能包覆臉部，口罩要是沒戴好，空氣從旁邊縫隙直接流入，就會失去戴口罩的意義了。

二、觀察口罩上是否有呼吸閥，有呼吸閥的

口罩通常是因為口罩的孔洞很小，吐氣時較困難，為了讓配戴者呼吸舒服而設計的。

此外，目前的口罩標準是針對「拋棄式」的口罩而定，若是長時間不更換，即使符合標準，防護能力還是隨時下降。因此，定期的更換口罩，也是非常重要的習慣。

出門戴口罩，回家勤洗手口鼻

$PM_{2.5}$ 除了從呼吸道進入人體之外，對皮膚的傷害經常被忽略。由於 $PM_{2.5}$ 含有許多粒徑為〇．一微米以下的超細微粒（或稱奈米微粒），因為比毛孔還要小，有可能直接通過毛孔進入皮膚深處。目前已有研究指出，皮膚接觸 $PM_{2.5}$ 有可能誘發皮膚發炎、氧化，以及老化的現象❶。

空氣品質不良時外出，透過衣物及口罩，可以減少暴露在空氣中的皮膚面積，但衣物的孔洞相對於 $PM_{2.5}$ 來說是很大的，走動時難免會有 $PM_{2.5}$ 沉積在皮膚表面上，所以再次進入室內之後，除了要更換衣服，也要勤加洗手、口、鼻，因為這三個部位也會累積 $PM_{2.5}$，況且日常活動中還可能會透過飲食、呼吸等活動，讓 $PM_{2.5}$ 從皮膚上進入到身體。

---

❶ Air pollution and skin diseases: Adverse effects of airborne particulate matter on various skin diseases (Kyung Eun Kima et al., 2016)

現代人出門運動，也要看 PM2.5 了

跑步是非常普遍的運動方式，尤其近年來路跑活動興盛，一年四季都有各種路跑活動登場。但 PM2.5 的威脅時刻存在，究竟什麼時候可以外出跑步，什麼時候不適合呢？

找出 PM2.5 最低時間，呼吸新鮮空氣運動去

由於 PM2.5 濃度並不會是一個固定數值，不同季節、不同時間的 PM2.5 都不相同。如果選在濃度很高的時候運動，短時間會使運動效果打折，長時間則會損害健康。

在台灣，春天至秋天時分，常在上午空氣會較差，而晚上的空氣比較好；冬天空品不良季節則經常下午至晚上時間空氣最不好，直到清晨才會轉好。

甚至，因為地形及氣候變化大，在不同空品區，PM2.5 在一天當中濃度最高與最低的時間也會不一樣。

因為空氣污染的變化是連續性的，在規劃每天的戶外運動時，最好選在 PM2.5 濃度最低的前後一小時運動，都是比較安全的。以台北松山為例（見一百七十四頁圖），清晨四時前後一小時的空氣都還不錯，是最適合安排每日運動的時間。

松山空氣品質監測站一天 PM2.5 濃度變化圖

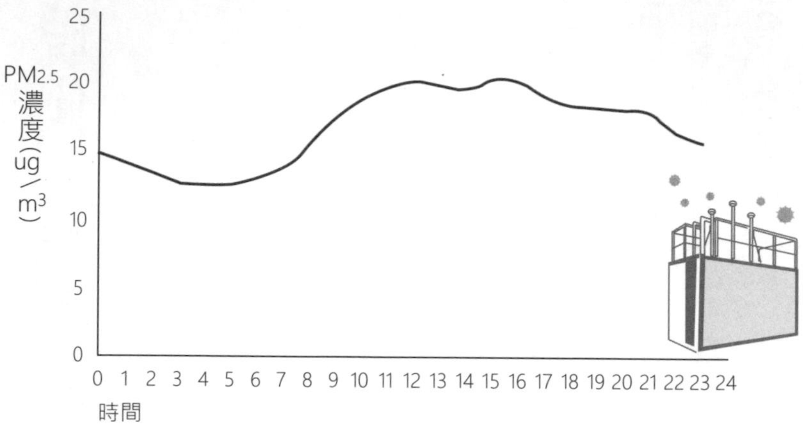

資料來源：行政院環境保護署「空氣品質監測網逐時監測資料」

埔里空氣品質監測站一天 PM2.5 濃度變化圖

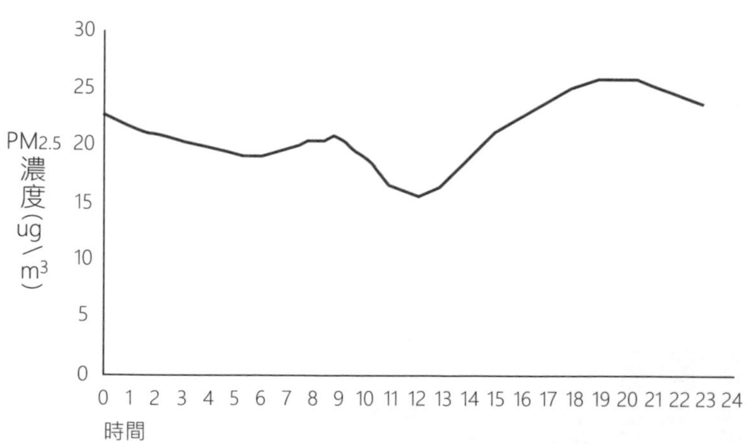

資料來源：行政院環境保護署「空氣品質監測網逐時監測資料」

聰明規劃避開 PM2.5 的好路線

車陣中的 PM2.5 濃度，比你想像的還要高

連接台北和三重的台北橋，每到上下班時間，機車瀑布非常壯觀，甚至曾吸引日本電視節目來拍攝，相信許多人對這樣的場景都不陌生。

我們已知 PM2.5 在污染源周遭濃度會非常高，可以想像車陣中騎士，暴露在非常大量的空氣污染物當中。

當空氣中 PM2.5 達到五十四．四微克／立方公尺時，就已是「紅害」等級，應該盡量避免呼吸到這樣的空氣。但包含台北橋，同樣在交通尖峰時刻擁擠車陣中的駕駛和乘客，可能經常吸到相當十倍於「紅色」等級的 PM2.5。

甚至不需要到交通尖峰，每天上下班通勤時，只要前面有一台二行程機車或是舊卡車就可能超標！

這是因為我們在路上騎車時，每一台車的排氣管跟我們的呼吸高度接近，就是前面曾提到的「鼻前污染濃度」，排氣管排出的廢氣，還未經過足夠的擴散，就被吸到肺裡面。

如果再加上周遭的建築物、高架橋阻擋風吹進道路等因素，空污的濃度會更高。

通勤族避開 PM2.5 環境的撇步

想要避免呼吸到高濃度的空氣污染物，最直接的方法就是改搭大眾交通工具。但如果通勤地點不方便搭乘大眾交通工具，也可以透過重新規劃通勤路線來遠離 PM2.5。

例如，選擇乾淨的通勤路線就顯得非常重要，盡量選擇車流量少的路線、沒有高架橋，避開柴油老舊貨車、紅綠燈秒數長的，選擇路旁有公園的道路來行走會更好。這樣就可以很顯著的減少每天通勤吸到的 PM2.5。

雖然每一輛車都會排放 PM2.5，但每一種車排出的濃度差異非常大。就如同第二章提過，根據行政院環境保護署及交通部資料計算，單一燃油車輛排放最少的是四行程機車，接下來依序是小客車、二行程機車、小貨車，最後是大貨車。

老舊柴油大小貨車因為柴油引擎污染特性及缺少污染防治設備，加上多數車齡偏高，因此污染程度較高；而燃燒汽油的車輛中，以二行程機車污染最嚴重，這是因為引擎最容易燃燒不完全且混燒機油的緣故。

紅綠燈是 PM2.5 的地雷區

影響空污排放量的因素，還有讓你意想不到的變數，那就是紅綠燈。停等紅綠燈的時候，周遭總是烏煙瘴氣，讓人想盡快逃離。這不是心理作用，事實上，在等紅綠燈時，空氣真的比較糟，這是由於每一台車都在同一個地方怠速的緣故。

當汽機車怠速時，噴進引擎中的燃油會因為燃燒不完全而產生 PM2.5 排放至大氣中，侵害用路人的健康。

每輛車每年平均 PM2.5 排放量

燃油車種	數量(輛)	PM2.5排放總量(噸)	平均每輛車年PM2.5排放量(公斤/輛/年)
四行程機車	12,531,519	1,730	0.14
小客車	6,763,422	3,842	0.57
二行程機車	1,222,700	1,085	0.89
小貨車	919,294	2,447	2.66
大客車	34,188	359	10.50
大貨車	167,088	6,843	40.95

資料來源：行政院環境保護署、交通部

怠速時，還會同時產生一氧化碳、氮氧化物等空氣污染物，尤其引擎運轉緩慢，排出的氣體也會含有較高的揮發性有機化合物，對人體是危害最大，而且在都市裡一個紅綠燈動輒要六十秒，有的甚至長達九十秒，這段時間，駕駛人都處在高濃度廢氣當中。

高架橋、高樓林立的道路，通常空污指數瞬間飆高

路上的空氣污染是否嚴重除了看車輛外，道路周圍的景觀型態也有影響，具有負面影響的是高架橋、高樓建築等；相對的，會改善空污的，則是像公園綠地、空地等。

這是因為道路兩側若都是高樓或高架橋，就像一個長長的火柴盒將路圍住，裡面的

怠速污染污染物比一比

	一氧化碳	氮氧化物	揮發性有機化合物
怠速	高	低	最高
加速	最低	高	低
減速	最高	最低	高
定速	中等	中等	中等

資料來源：行政院環境保護署

$PM_{2.5}$、二氧化氮、揮發性有機化合物等污染物在擴散不出去的情況下，便持續地累積。

如此一來，在一樣多的車流量情況下，有高架橋及高樓的道路，通常會比開闊的平面道路污染濃度高出二至三倍❶，因此建築正是空氣污染的「擴散阻礙物」，道路被建築包覆越完整，空污越難擴散出去。

對空污擴散最不利的就是隧道，像雪山隧道塞車時，千萬不要開車窗。但若一樣在塞車，地點改在大安森林公園旁，可能狀況就不會這麼糟。

影響路上空污濃度的因素

因素	趨吉避凶原則
行車數量	盡量挑車少的路線
行車類型	盡量避開在柴油貨車後行駛
紅綠燈秒數	避開紅綠燈秒數很長的路口
擴散效果	避免高架橋、高樓建築等擴散不易的路線

❶ Hsien-Chih Li et al., 2016.

燒烤油煙已成為健康的大隱憂！

快炒、油炸、燒烤油煙是致病兇手

國人家常飲食最常見快炒、油煎的烹調方式，又喜歡吃燒烤、油炸食物，這樣的烹調偏好卻是隱形的空氣殺手。

無論是快炒或油煎，油脂在高溫之下會揮發且凝結形成細小油滴，擴散在空氣中而形成 $PM_{2.5}$，最高可以達到數千微克／立方公尺的濃度，家中負責煮飯的人也因此成了直接的受害者。

之前就有《肺癌期刊》研究顯示，亞洲女性肺癌患者中有許多並沒有抽菸習慣，而是與長期烹調及二手菸造成的結果。而台灣女性肺癌成因，估計有高達五〇%以上與油煙有關。

想要降低烹飪時的 $PM_{2.5}$，最基本就是養成開抽油煙機、檢查濾網的習慣，以及改變烹飪方式。

降低廚房 $PM_{2.5}$ 有三招：開油煙機、檢查濾網、改烹飪方式

即使開啟抽油煙機，也只在烹調過程中把部分的 $PM_{2.5}$ 吸到戶外，只能減少一些吸入人體的量。而在爐火關閉之後，還必須讓抽油煙機要再開個幾分鐘，把廚房內的 $PM_{2.5}$ 都排到戶外。

家中 PM2.5 污染來自廚房油煙

不一樣的烹煮方式，對健康也大不同！

此外，平時也必須定期檢查油煙機的濾網，原因在於油煙機的排煙管多是伸縮波浪管，管線通常有許多的皺褶與下凹，如果家中的抽油煙機馬力不足，就很容易堆積在排煙管中，當關掉抽油煙機時便會回流，會使室內空氣惡化。

遇到這種情況時，可以在排煙管的末端加上一個抽風機，有助於排出管線油煙，也會增加抽油煙機的吸力。

想要保護烹飪時的健康，改變烹調習慣會是最有效的方式。建議逐漸減少煎、烤、炸等高油煙的烹調法，改為蒸、煮、涼拌等溫度較低、油煙較少的方式，油脂不會揮發到空氣中，就能夠減少 PM2.5 油煙的產生，從源頭就避免油煙的危害。

五大生活自保撇步，降低 PM2.5 暴露

PM2.5 會引起氣喘、心血管疾病及肺癌等慢性病及死亡，這些疾病的發生除了敏感體質外，跟暴露量的關係最大。

其實，我們雖然時時刻刻都會接觸空氣，但只要能在日常生活中稍加留意，還是能有效降低 PM2.5 的「暴露量」。

前去廟宇祝禱祭拜，或是在家中凡遇初一、十五、逢年過節、祭祖等，盡可能減少焚香及燒金紙，甚至以雙手合十虔誠禱告，又能讓大地空氣清新，何樂而不為。抽菸更是健康一大禁忌，戒菸才是自助與助人的一大功德。

另外，多種樹為地球降溫又有助於淨化空氣，在室內也可以多種點淨化空氣的小盆栽，甚至使用空氣清淨機，皆為淨化空氣好方法。

五大自保有撇步，減少吸入 PM2.5

自保撇步❶ 隨時掌握空氣品質資訊

所謂知己知彼、百戰百勝，因此自保的第一步，就是時時掌握空氣品質，建議每日外出前查詢ＡＱＩ空氣品質數值，或是懸浮微粒 PM2.5 的資料，或是看遠方山嵐及大目標，

如果感覺霧濛濛、可能表示空氣品質不好，應盡量避免外出做劇烈運動。

必要外出時，也應避免時間太長，記得要戴口罩，同時避開車流量大的時間或地點，例如上下班不要走交通流量大的地方，改從巷弄穿越，就不會一直吸入汽機車排放的污染物。

自保撇步❷避免戶外劇烈運動

同樣是在戶外，做的活動不同、吸入PM2.5的風險也不一樣，因為人體在從事劇烈運動時，換氣速率會增加五到六倍。空氣品質不好時，就不適合在戶外進行劇烈運動，否則反而更不健康。

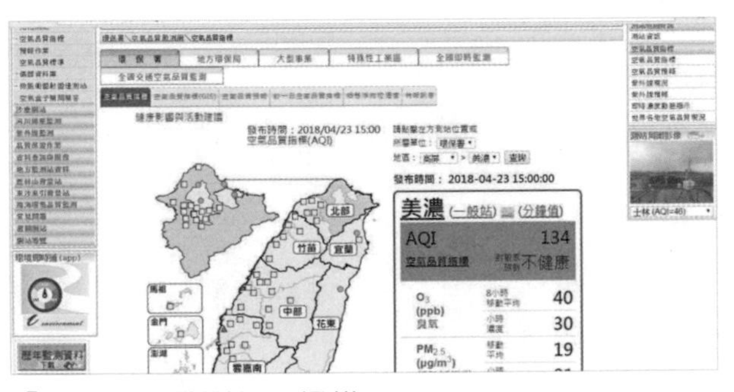

「空氣品質監測網」掃描 QR code

前往網頁版

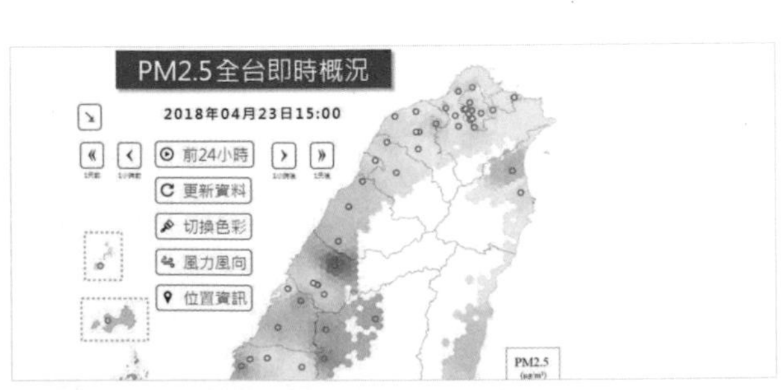

「PM2.5 全台即時概況」掃描 QR code

前往網頁版

5大生活自保撇步

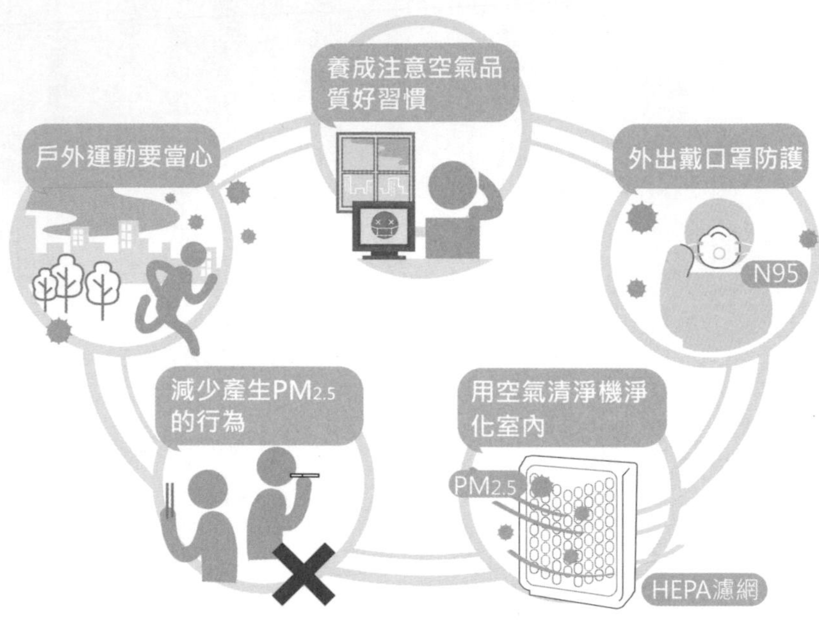

此外，假如喜歡路跑或騎單車，活動前除了留意空氣品質預報外，也要注意活動地點，應避免沿著車流量大的馬路活動，才不會吸到太多廢氣。

自保撇步❸ 空氣品質差，外出要防護

配戴口罩也可以減少污染物的暴露量。不過若要阻隔 $PM_{2.5}$，依學理來說要戴到N95口罩才有用，但N95口罩太悶熱不適合長時間配戴，幸好目前已有為抗空污的口罩分級，供民眾參考，以選擇效率比較好的口罩。所以，在 $PM_{2.5}$ 的高峰期，還是減少在外停留的時間為上策。

自保撇步❹ 減少產生 $PM_{2.5}$ 的行為

盡量避免會產生 $PM_{2.5}$ 的行為，例如減少

PM2.5 小百科

怎麼避開年節與遶境的空氣毒害？

跨年、元宵節施放許多煙火等傳統節慶日，帶來濃度爆表的 PM2.5。

從自保的角度來看，就是戴口罩，並待在施放點的上風處觀看，讓風帶走污濁的煙霧。根據行政院環境保護署每年的媽祖遶境空氣污染監測網數據❶，在施放大量鞭炮時，PM2.5 的濃度可以高達二千微克／立方公尺，大約是「紅害」等級的二十七倍。但相對的，雖然 PM2.5 濃度非常高，只要在短暫停留後就快速離開，也是有效保護自己，又能體驗廟會節慶的方法。

當然，這些活動也可以選擇在家看電視轉播、電腦直播的方式參與。也可以成為倡議人，積極促成主辦者對活動進行的空氣污染問題提出對策。

抽菸、燒香、少用油炸的烹飪方式等，也能減少 PM2.5 的暴露量。

自保撇步❺ 室內可選用空氣清淨機

空氣品質不良時，室內可使用空氣清淨機來淨化空氣，不過由於 PM2.5 顆粒小，空氣清淨機要有高效率的濾網ＨＥＰＡ型或是靜電除塵型空氣清淨機才有效用。

我們的生活早已深受 PM2.5 的影響，打亂了昔日的生活品質，對身體健康也大有影響，所以面對 PM2.5 的威脅千萬不要掉以輕心。

❶ 行政院環境保護署 https://ienv.epa.gov.tw/IoT/

(AQI) 空氣品質指標	對健康影響 與活動建議	敏感性族群 活動建議
0～50	良好	• 正常戶外活動。
51～100	普通	• 極特殊敏感族群建議注意可能產生的咳嗽或呼吸急促症狀，但仍可正常戶外活動。
101～150	對敏感族群不健康	• 有心臟、呼吸道及心血管疾病患者、孩童及老年人，建議減少體力消耗活動及戶外活動，必要外出應配戴口罩。 • 具有氣喘的人可能需增加使用吸入劑的頻率。
151～200	對所有族群不健康	• 有心臟、呼吸道及心血管疾病患者、孩童及老年人，建議留在室內並減少體力消耗活動，必要外出應配戴口罩。 • 具有氣喘的人可能需增加使用吸入劑的頻率。
201～300	非常不健康	• 有心臟、呼吸道及心血管疾病患者、孩童及老年人應留在室內並減少體力消耗活動，必要外出應配戴口罩。 • 具有氣喘的人應增加使用吸入劑的頻率。
301～500	危害	• 有心臟、呼吸道及心血管疾病患者、孩童及老年人應留在室內並避免體力消耗活動，必要外出應配戴口罩。 • 具有氣喘的人應增加使用吸入劑的頻率。

AQI 空氣指標指標與活動建議表

(AQI) 空氣品質指標	對健康影響 與活動建議	一般民眾 活動建議
0～50	良好	• 正常戶外活動。
51～100	普通	• 正常戶外活動。
101～150	對敏感族群不健康	• 一般民眾如果有不適，如眼痛，咳嗽或喉嚨痛等，應該考慮減少戶外活動。 • 學生仍可進行戶外活動，但建議減少長時間劇烈運動。
151～200	對所有族群不健康	• 一般民眾如果有不適，如眼痛，咳嗽或喉嚨痛等，應減少體力消耗，特別是減少戶外活動。 • 學生應避免長時間劇烈運動，進行其他戶外活動時應增加休息時間。
201～300	非常不健康	• 一般民眾應減少戶外活動。 • 學生應立即停止戶外活動，並將課程調整於室內進行。
301～500	危害	• 一般民眾應避免戶外活動，室內應緊閉門窗，必要外出應配戴口罩等防護用具。 • 學生應立即停止戶外活動，並將課程調整於室內進行。

打造「安心」室內好空氣

關緊門窗，就可以隔絕 $PM_{2.5}$？

當戶外 $PM_{2.5}$ 飆高的時候，人人皆知要把門窗關緊，以隔絕髒空氣自保。但關緊門窗並非萬靈丹，在趕著把門窗關起來之前，若是沒有先掌握室內及戶外的空氣品質，並管好自己家中的空氣品質，關起門窗反而有可能造成反效果。

影響室內空氣品質的因素有三大類，一是「室內的燃燒與打掃行為」、「室內裝潢布置與家具材質」、與「居家生活習慣」。

室內 $PM_{2.5}$ 吸入量，比室外高四倍

當家中有人抽菸、開火烹調，或是正在大掃除時，就會使室內 PM_{10} 及 $PM_{2.5}$ 飆高，甚至遠超過室內的 $PM_{2.5}$ 標準，這時不管外面空氣狀況如何，都應該開窗戶，或者盡量離開。

我們已經知道，$PM_{2.5}$ 並不只存在於戶外的霧霾中，室內同樣也有。清華大學的室內污染研究報告便發現，人一生待在室內的時間長達七十至九十％，因此室內的 $PM_{2.5}$ 吸入量可達室外的四倍。

由此可見，相比於室外的霧霾問題，室內的 $PM_{2.5}$ 污染同樣不可小覷，而心血管疾病患者，又常因病較少從事戶外活動，應更加警惕。

影響室內空氣品質的三大因素

室內的燃燒

抽菸、拜拜、燃燒金紙會使PM2.5飆高。

室內裝潢布置與家具材質

避免使用含甲醛、揮發性有機物的家具。

居家生活習慣

以吸塵器取代掃地；
烹飪時要開抽油煙機。

減少室內 $PM_{2.5}$ 來源＋淨空行動

那麼，我們該如何降低室內 $PM_{2.5}$、打造「安心」的室內好空氣呢？

腎臟科醫師江守山在《如何挑選健康好房子》一書指出，抽菸、廚房油煙、燒香拜拜以及裝修材料所釋放的有害物質，是室內 $PM_{2.5}$ 四大來源，只要設法從源頭管制，就能大幅降低室內的 $PM_{2.5}$ 含量，再搭配「勤打掃減少灰塵」以及「種植栽淨化空氣」二大「淨空」行動，打造安心呼吸的室內空氣品質並不難。

不過，打掃時務必配戴口罩，並由較高處往較低處、較乾淨的區域往較髒的區域進行打掃，而打掃方式須先乾後濕，先用吸塵器、除塵紙打掃後，再用濕抹布擦拭效果較佳。

此外，想淨化室內空氣，除了可選用HEPA型濾網及靜電型的空氣清淨機，多種些綠色植栽也有很好的淨化效果。

 降低室內 $PM_{2.5}$ 的改善政策

室內PM2.5四大來源	改善對策
抽菸 (二手菸、三手菸)	禁菸
烹煮	烹煮時開窗通風並使用抽油煙機 以水煮或電鍋蒸煮取代油炸、煙燻及燒烤
 祭拜	用鮮花素果取代傳統燒香、燒金紙
裝修材料釋放的有害物質	1.加強通風 2.減少不必要的裝潢、家具、家飾和用品 3.選用綠建材標章材料及產品

因為室內植物所能吸附 $PM_{2.5}$ 雖然有限，卻可淨化 $PM_{2.5}$ 的氣態前驅物「揮發性有機化合物（VOCs）」，而揮發性有機化合物的毒性並不亞於菸害，所以就算不花大錢買「貴桑桑」的空氣清淨機，只要適當擺幾盆綠色植栽，對維護室內生活空氣品質也會有些幫助。

目前行政院環境保護署有《室內植物淨化空氣網站》可提供參考，網址為：http://freshair.epa.gov.tw/houseplant/userfiles/index.asp。

黃金葛、虎尾蘭、常春藤、孔雀竹芋等都是能淨化空氣的植物。

彩色圖解 **戰勝 PM2.5 ！**

越來越多疾病可能與空污有關

主　　編｜社團法人台灣環境教育協會
總 編 輯｜王毓正
特約編輯｜黃信瑜
責任編輯｜莊佩璇、何喬、王桂淳、吳元富
編輯顧問｜吳焜裕、洪美華

審　　訂｜鄭尊仁、蔡春進
執　　筆｜黃郁揚、黃麗煌
封面設計｜盧穎作
美術設計｜蔡靜玫
插　　畫｜蔡靜玫

出版／發行｜行政院環境保護署
地　　址｜台北市中正區中華路一段 83 號
電　　話｜02-2371-2121
網　　址｜https://www.epa.gov.tw
ISBN｜978-986-91132-3-6
GPN｜1010701036
印　　製｜中原造像股份有限公司
初　　版｜2018 年 11 月
定　　價｜新台幣 380 元 (平裝)
照片提供｜黃信瑜 P. 89
幸福綠光股份有限公司 P. 191

國家圖書館出版品預行編目資料

彩色圖解：戰勝 PM2.5：越來越多疾病可能與空污有關 / 社團法人環境教育協會編著 . -- 初版 . -- 高雄市：社團法人台灣環境教育協會出版；臺北市：行政院環境保護署出版 , 2018.11
面；　公分

ISBN 978-986-91132-3-6 (平裝)
1. 環境教育 2. 環境污染 3. 空氣污染
367.41　　107009808